数据科学与大数据技术

不学编程做 R 统计分析：
图形界面 R Commander 官方手册

[加] 约翰·福克斯(John Fox)　　著
马国强

马国强　　　　　　　　　　译

U0215087

清华大学出版社

北　京

北京市版权局著作权合同登记号　图字：01-2022-4392

Using the R Commander
EISBN: 978-1-4987-4190-3
Copyright@ 2017 by Taylor & Francis Group，LLC.
Authorized translation from English language edition published by CRC Press, part of Taylor
& Francis Group LLC; All rights reserved.
Tsinghua University Press Limited is authorized to publish and distribute exclusively the
Chinese (Simplified Characters) language edition. This edition is authorized for sale throughout
Mainland of China. No part of the publication may be reproduced or distributed by any means,
or stored in a database or retrieval system, without the prior written permission of the publisher.
Copies of this book sold without a Taylor & Francis sticker on the cover are unauthorized and
illegal.
本书原版由 Taylor & Francis 出版集团旗下 CRC Press 出版公司出版，并经其授权翻译
出版。
本书中文简体翻译版授权由清华大学出版社有限公司独家出版并限在中国大陆地区销
售。未经出版者书面许可，不得以任何方式复制或发行本书的任何部分。

本书封面贴有 Taylor & Francis 公司防伪标签，无标签者不得销售。
版权所有，侵权必究。举报：010-62782989，beiqinquan@tup.tsinghua.edu.cn。

图书在版编目(CIP)数据

不学编程做R统计分析：图形界面R Commander官方手册 / (加) 约翰•福克斯(John
Fox)，马国强著；马国强译. —北京：清华大学出版社，2023.9
(数据科学与大数据技术)
书名原文：Using the R Commander
ISBN 978-7-302-64564-1

I. ①不… Ⅱ. ①约… ②马… Ⅲ. ①统计分析 Ⅳ. ①O212.1

中国国家版本馆CIP数据核字(2023)第180128号

责任编辑：王　军
装帧设计：孔祥峰
责任校对：成凤进
责任印制：沈　露

出版发行：清华大学出版社
　　　　网　　　址：https://www.tup.com.cn, https://www.wqxuetang.com
　　　　地　　　址：北京清华大学学研大厦 A 座　　　邮　　编：100084
　　　　社 总 机：010-83470000　　　　　　　　　邮　购：010-62786544
　　　　投稿与读者服务：010-62776969, c-service@tup.tsinghua.edu.cn
　　　　质 量 反 馈：010-62772015, zhiliang@tup.tsinghua.edu.cn
印 装 者：大厂回族自治县彩虹印刷有限公司
经　　销：全国新华书店
开　　本：148mm×210mm　　印　张：6.625　　字　数：213 千字
版　　次：2023 年 11 月第 1 版　　印　次：2023 年 11 月第 1 次印刷
定　　价：59.80 元

产品编号：095412-01

作者简介

　　John Fox 是 McMaster 大学的社会学教授。Fox 教授开发了 R Commander 软件,撰写了许多关于统计方法的文章和书籍,包括与 Sanford Weisberg 合著的 *An R Companion to Applied Regression, Second Edition*。Fox 是 *Journal of Statistical Software* 的副主编,也是专著系列 *Quantitative Applications in the Social Sciences* 的前主编。

　　马国强是加拿大 Bank of Montreal(蒙特利尔银行)的高级数据库专家,Toronto Metropolitan University(多伦多都市大学)的 MBA 以及企业信息安全、隐私和数据保护专业的硕士。他多年来先后任职于 AEGON Canada、IBM Canada 等公司的数据安全、数据分析及数据库分析和管理高级技术职位,为加拿大联邦政府和安大略省政府的数据分析和数据库系统提供总体设计、实施和技术支持。另外,他还为银行、保险公司的混合云计算环境中活动交易数据、企业存储数据提供数据安全和高可用性 IT 解决方案。

中文版序

R Commander 大幅降低了 R 的使用和入门难度。如果你正在撰写论文，纠结于如何应对统计分析的细节；如果你正在进行一个科研项目，而无法决定到底哪一个模型更契合现有的数据，以进一步支持最终的结论；如果你正在精耕于一个重要的商业项目，筹划用相得益彰的生动插图展示诱人的商业机会以打动重要客户或管理高层——这时，不妨尝试 R Commander。借助我们业已熟悉的菜单和对话框，把所有细节交给它，我们只需要关心最终结果。把宝贵的精力专注于主题——这不正是我们的初心吗？

很多 MBA 学生的经历都给出了同样的反馈，商业统计分析课程的大部分时间都花在了陌生的 R 程序编制开发上，从而轻视了项目筹划本身以及潜在商业规律的发掘和分析。MBA 的学生绝大部分都没有 IT 知识背景，学习程序开发可能还是第一遭。学习、掌握一门语言并且很快应用到实际项目中是一个循序渐进的过程，不是一蹴而就的。

对于有志于使用 R 编程开发进行深度应用的用户，从 R Commander 开始学习也是一个不错的选择。R Commander 的一个典型应用流程是，把原始数据读入系统中，进行数据的初步处理和必要的建模前准备，应用适当的模型作数据统计分析，输出结果洞悉数据背后的内在规律。这一逻辑简洁的流程岂不是也贯穿于 R 的数据应用？

数据统计分析早已渗透到现代生活的许多方面。"回归"一词的诞生不仅讲述着一个非常有趣的故事，更是昭示了研究、应用现代数据统计分析的历史已经发展了一百多年。例如，通过把回归分析和其他现代统计分析方法应用于电影行业，可以发现哪些影片历经了时间的洗礼、历久弥新地影响着怎样的受众，哪些因素影响着票房收入的起伏，以及业界人士应该怎样因势利导、繁荣文化。

当然，现代统计分析也需要理论和应用的不断推进、突破，与时俱进，以更好地服务于人类。例如，现代统计分析应用于席卷全球的重大医学、公共卫生事件——新冠肺炎。首先，需要客观地评估这种疾病的危害，对致死率给出定量的评估。其次，依据已有的数据并纳入病毒变异、免疫获得、疫苗接种、人口变化等因素，准确预测此种疾病的发展趋势。

让我们自豪的是，如今的中国不仅是世界第二大经济体，同时也是在诸多科技领域名列前茅的科技强国。这些日新月异的发展无时无刻不在产生着大量的数据。要想拨云见日，透过纷繁的数据发现潜在的价值，扼住关键因素，促进跳跃式发展，需要得力的统计分析工具。来吧，让我们从 R Commander 做起！

虽然十分用心，书中仍难免有纰漏，希望读者不吝赐教、指正。

致　　谢

Michael Friendly、Allison Leanage 和一些匿名审稿人对本书的草稿提出了有益的建议。

在此，我要感谢众多同僚，他们对 **Rcmdr** 包的贡献在包文档中得到体现(请参阅"帮助"|"关于 Rcmdr"菜单)。尤其是，Richard Heiberger 为 R Commander 的早期开发作出了许多贡献，其中最重要的是用于实现 R Commander 插件包自启动的原始代码。Miroslav Ristic 极大地改进了"概率分布"对话框的代码。Milan Bouchet-Valat 作为 **Rcmdr** 包的开发人员在 2013 年加入了我的行列，帮助我对 R Commander 界面进行了现代化的改造，使其更好地适应各种计算平台。

R 核心团队的成员 Peter Dalgaard 将 **tcltk** 包整合到标准 R 发行版中，可以说对 R Commander 间接地作出了重要贡献。同样，Milan 和我使用 Philippe Grosjean 的 **tcltk2** 包增强了 R Commander 的界面，Philippe 一直是 Tcl/Tk 信息的宝贵源泉。R 核心团队的另一位成员 Brian Ripley 一直加班加点，帮助我解决了 R Commander 开发中的各种问题。

还要感谢 Chapman & Hall/CRC 出版社的编辑 John Kimmel、Shashi Kumar(感谢他的 LaTeX 专业知识)，以及 Chapman & Hall/CRC 出版社的所有工作人员，感谢他们给予我的帮助和鼓励。

最后，我在 R Commander 上的一部分研发工作得到了加拿大社会科学和人文研究委员会以及 McMaster 大学社会统计学的参议员 William McMaster 的资助支持。

前　　言

R Commander 是 R 的点选式图形用户界面，通过熟悉的菜单和对话框提供对 R 统计软件的访问，而不是通过输入难懂的命令。本书解释了如何使用 R Commander，希望让入门级和中级统计课程的学生和教师、想要使用 R 而不必苦恼于编程的科研人员，以及最终要过渡到命令行交互但倾向于入门更容易的读者感兴趣，并对专业工作提供帮助。

在我看来，在基础统计学课程中，中心目标应该是讲解基本的统计学思想——分布、统计关系、估值、样本差异、观测与实验数据、不规则分布等。人们不希望把基础统计课程变成学习如何为统计软件编写命令的练习。最初开发 R Commander 是出于这样的想法：为 R 提供透明、直观、点击式的图形用户界面，使用熟悉的菜单和对话框进行操作，适应所有常用的操作系统(如 Windows、Mac OS X 和 Linux/UNIX)，并作为标准的 R 程序包(称为 **Rcmdr** 包)分发和安装。

尽管最初打算用于基础统计课程，但本书各章中介绍的 R Commander 的当前功能已远远超出基本统计。当前版本的 **Rcmdr** 程序包包含近 15 000 行的 R 代码，这其中不包括注释、空行、文档等。此外，R Commander 就像 R 本身一样，被设计成可通过插件包进行扩展。而且，标准的 R 程序包也可以增加或修改 R Commander 的菜单和对话框(具体内容请参见第 9 章)。

我在 20 世纪 90 年代后期乘 R 方兴未艾的东风，将其纳入我的教学(应用回归分析和广义线性模型的研究生社会统计学课程)中。2002 年，我出版了一本关于使用 R 和 S-PLUS 进行应用回归分析的书[20]。 1

我也想用 R 来讲解社会科学研究生和本科生的基础统计学，但感觉 R 的命令行界面是一个障碍。我曾期望有人为 R 引入图形用户界面，但一直

---

1 该书的第 2 版是我与 Sanford Weisberg 合著的[29]，并且专注于 R。

没能实现。因此，在 2002 年左右，我决定自己承担这个任务。经过一些前期的探索，最终决定使用 Tcl/Tk GUI 构建器，因为基本的 R 发行版自带 **tcltk** 程序包，它提供了 Tcl/Tk 的 R 接口。这个选择让我能够编写一个 R GUI(即 R Commander)；它可以在 R 支持的所有操作系统上运行，并且完全用 R 编码，以最大限度地减少安装其他不必要的软件。

本书提供了有关 R 和 R Commander 的背景信息，解释了如何在读者的计算机上获取和安装 R 和 R Commander。最后，将展示如何使用 R Commander 执行各种常见的统计任务。

关于参考文献

读者在阅读本书时，会不时遇到参考文献编号，格式是放在方括号的数字。读者可扫描封底二维码下载"参考资料"文件，然后根据编号查看资料信息。

目　　录

第1章
概述

本章将介绍 R 和 R Commander，解释它们的含义和由来；还将概述全书的内容，展示如何访问本书的网站。

1.1　什么是 R 和 R Commander

本书的主题 R Commander 是 R 的点选式图形用户界面(GUI)，它允许通过平常熟悉的菜单和对话框来使用 R 统计软件，而无须输入命令。本书假定读者已经熟悉书中所使用的统计方法，或者说读者正通过课堂或阅读相关材料学习它们。本书的目的是展示如何在 R Commander 中运用常见的统计方法来进行数据分析，而不是讲解统计方法。

这意味着读者可以跳过本书中那些采用不熟悉的统计方法的章节。例如，第 7 章的大部分篇幅(介绍在 R Commander 中使用统计模型)超出了一般性的基础统计课程的范围。书中对讨论高级或困难内容的章节标记了星号。

R 是功能强大、免费、开源的统计软件。虽然很难确切地说出使用 R 的具体人数，但若通过 Internet 流量来判断，R 可能是世界上最流行的统计软件。无论如何，R 的使用非常广泛，并且它的使用量正在迅速增长。

R 吸收了一种非常适合统计应用程序开发的编程语言。它起源于 S 编程语言，后者最初由 John Chambers 领导的贝尔实验室的统计学家和计算机科学家在 20 世纪 80 年代开发而成[6]。事实上，R 可以被视为 S 的方言。由于最终被并入了称为 S-PLUS 的商业产品中，因此在 R 被开发出来之前，S 在统计学家中广受欢迎。目前，免费的、开源的 R 已完全使收费的 S-PLUS 黯然失色。

用 Richard Stallman[1]的话讲，R 是自由软件，其中包含两层含义[41]。首先，很明显，用无须花钱这一含义来衡量，它是自由软件；但从更深层的意义上讲，用户可以自由地修改和分发 R。具体来说，R 已得到自由软件基金会的通用公共许可证(GPL)授权，该授权可防止个人或公司限制用户进一步修改和重新分发 R 的自由。自由的第二层含义实际意味着 R 是开源的，即 R 不仅能以可执行程序的形式分发，而且 R 的源代码(用各种编程语言编写，包括用 R 本身编写)也可供感兴趣的用户使用。有关 R 的更多信息，可访问 R 网站 https://www.r-project.org/。R Commander 也是在 GPL 授权下分发的免费开源软件。

使用 R 分析数据并不一定需要用 R 语言编写程序，因为基本的 R 发行版本具有令人惊叹的内置统计功能。不过，截至目前，标准 R 发行版的功能已扩展了近 8000 个由用户提供的 R 附加程序包，这些程序包可以通过 Internet 上的 Comprehensive R Archive Network(缩写为 CRAN，CRAN 的发音为 kran 或 see-ran；见 https://cran.r-project.org/)免费获得。此外，可以通过密切相关的 Bioconductor Project(http://bioconductor.org/)获得大约 1000 个其他 R 程序包，该项目主要为生物信息学(基因组学)开发软件。

无论是编写自己的 R 程序，还是使用预先打包的程序，R 中的标准数据分析都是由输入 R 语言命令构成。举一个简单的例子，要计算变量 **income** 的平均值，可以输入命令 `mean(income)` 去调用 R 的 **mean** 函数(程序)。类似地，要计算 **income** 对 **education** 和 **experience** 的线性最小二乘回归，可以使用 **lm**(线性模型)函数，输入命令 `lm(income~education + experience)`。学习编写这样的 R 命令是一项重要技能，并且最终是使用 R 的最有效方法(参见 1.4 节)，但它可能会对 R 的新用户或临时用户带来巨大的障碍。

1　Richard Stallman 是自由软件基金会的创始人，R Project for Statistical Computing 与该基金会有关联。

1.2　简要回顾 R 和 R Commander

R 始于 1990 年左右，当时是 Robert Gentleman 和 Ross Ihaka(新西兰奥克兰大学的两位统计学家)的个人项目[32]。Gentleman 和 Ihaka 实际上是将预先存在的统计编程语言 S 的语法嫁接到 Lisp 的 Scheme 分支上，后者是一种通常与人工智能工作相关的编程语言。事实证明，这是一个不错的选择，因为如上所述，S 语言已被统计学家广泛使用。

最终，Ihaka 和 Gentleman 在 Internet 上宣传了他们的成果，吸引了其他开发人员加入该项目，其中包括 S 的主要开发人员 John Chambers。然后，在 1997 年，由 9 名开发人员组成的核心团队正式确定了 R Project for Statistical Computing 计划。该团队至今已增加到 20 名成员，其中许多是统计计算领域的重要人物。R 核心团队负责基本 R 发行版的持续开发和维护。

正如前面所解释的，R 是在自由软件通用公共许可证下分发的。它的版权归 R 基金会所有，R 基金会的组成人员包括 R 核心团队的成员以及其他大约 12 人，其中本人(John Fox)也是 R 基金会的一员。

R 的增长速度令人惊讶。例如，图 1.1 显示了在能够获得数据的 14 年间 CRAN 中 R 程序包存档的扩展情况。[1]图的横轴记录了 R 的版本和相应的日期，而纵轴以对数刻度显示了 CRAN 程序包的数量，因此线性趋势表示了其呈指数级增长。[2]图上的线通过最小二乘回归拟合[3]。从图 1.1 中可以看到，尽管 CRAN 最初几乎以指数级增长，但近年来它的增长速度有所放慢。最小二乘线的斜率表明，在此期间，CRAN 的平均年增长率约为 35%。

1　此图更新自作者的一篇文章[23]，文中讨论了 R Project 的社会组织和沿革。
2　如果读者不熟悉对数，则不必担心。要点是：随着程序包数量的增加，刻度的压缩比会更高，例如对数刻度上 100～200 个程序包之间的距离等同于 200～400 之间的距离，以及 400～800 之间的距离，因此所有这些相等的距离表示程序包数量的加倍。
3　同样，如果不熟悉最小二乘法，也不要担心，因为几乎可以肯定会在基础统计学课程中学到该主题。基本思想是该线在某种意义上会尽可能平均地接近这些数据点。

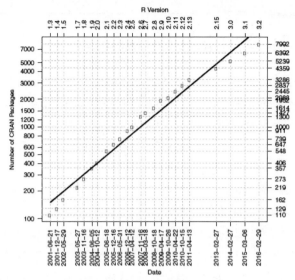

图 1.1　CRAN 的增长情况。纵轴以对数刻度显示 CRAN 程序包的数量，而日期和相应的 R 发行版本分别显示在图的底部和顶部。图中的线是对数据点的最小二乘回归拟合。图中省略了两个 R 版本(1.6 和 2.14)，因为它们的记录日期与之前版本的日期非常接近(数据来源：2016 年 3 月 3 日从 https://svn.r-project.org/R/branches/下载)

　　正如在本书前言中提到的那样，我从 2002 年左右开始从事 R Commander 相关的工作，并于 2003 年 5 月向 CRAN 提交了 **Rcmdr** 程序包的 0.8-2 版本。第一个非 beta 版本 1.0-0 于两年后问世，我在 *Journal of Statistical Software*(该杂志是美国统计协会的在线期刊)的一篇论文中对其作了介绍[21]。2016 年 3 月，当撰写本章时，尽管已过去十多年，但该论文已被下载近 14 万次。

　　在此期间，我仍继续开发 R Commander：1.1-1 版本发布于 2005 年，它引入了将 R Commander 界面翻译成其他语言的功能(这是 R 本身支持的功能)，目前提供 18 种这样的翻译(中文和简体中文被视为两种翻译)。2007 年，1.3-0 版本首先提供 R Commander 插件包，目前 CRAN 上有大约 40 个这样的插件。2013 年，Milan Bouchet-Valat 作为 R Commander 的开发人员加入了开发工作，同年发布的 2.0-0 版本具有经过改进的更加一致的界面，例如带有选项卡式的对话框。

1.3　章节概要

第 2 章介绍如何从 Internet 下载 R 并在 Windows、Mac OS X 和 Linux/UNIX 系统上安装它和 R Commander。如果读者已成功安装 R 和 R Commander，可随时跳过这一章。不过，该章有一些故障排除信息，如果遇到问题，可以参考这些信息。

第 3 章通过解决一个简单问题来演示 R Commander 图形用户界面的使用：构造一个列联表以检查两个分类变量之间的关系。在研究示例时，将说明如何启动 R Commander，描述 R Commander 界面的结构，并显示如何将数据读入 R Commander，如何修改数据以准备进行分析、如何绘制图形、如何计算数据的数值总结、如何创建工作的输出报告、如何编辑和重新执行 R Commander 生成的命令，及如何终止 R 和 R Commander 会话。简而言之，将介绍使用 R Commander 进行数据分析的典型工作流程，同时将说明如何自定义 R Commander 界面。

第 4 章介绍如何从多种来源将数据送入 R Commander 中，包括直接在键盘上输入数据、从纯文本文件中读取数据、访问存储在 R 程序包中的数据、从 Excel 或电子表格以及其他统计软件中导入数据。该章还将解释如何在 R Commander 中保存和导出 R 数据集以及如何修改数据，例如如何创建新变量以及如何创建当前数据集的子集。

第 5 章介绍如何使用 R Commander 计算数据的简单数值总结、构造/分析列联表以及绘制常见的统计图。尽管一般性的基础统计学课程涵盖了该章的大部分统计知识内容，但是一些主题(例如分位数比较图和平滑散点图)则较为高级。

第 6 章介绍如何执行平均数、比例和方差的简单的统计假设检验(并计算置信区间)，以及简单的非参数检验、正态性检验和相关性检验。大部分检验通常会在基础统计课中遇到，尤其是通常使用平均数和比例的检验和置信区间来引入统计推断。

第 7 章介绍如何在 R Commander 中处理线性和广义线性回归模型，以及一旦对数据进行拟合将如何对回归模型执行其他计算。

第 8 章介绍如何使用 R Commander 对概率分布进行计算、绘制概率分布图，以及进行简单的随机模拟。

第 9 章介绍如何使用 R Commander 插件包。CRAN 上提供的许多插件包大幅增强了 R Commander 的功能。插件是 R 程序包，用于向 R Commander 添加菜单、菜单项和对话框。该章将向读者展示如何安装插件程序包，并以 **RcmdrPlugin.TeachingDemos** 程序包和 **RcmdrPlugin.survival** 程序包为例说明 R Commander 插件的应用。

本书最后的附录显示了完整的 R Commander 菜单集。

1.4　进一步说明

如果你经常使用 R，则可能不需要 R Commander 的帮助来编写自己的 R 命令以及需要的 R 程序。优先使用命令行界面而非图形界面(如 R Commander)有以下理由。

- R Commander 图形界面仅提供对 R 功能以及 CRAN 上众多可用的 R 程序包的一小部分应用。因此，要充分利用 R，将必须学习命令编码。
- 即使满足于 R Commander 及其各种插件中的功能，但经常使用 R 的用户会发现命令行界面更有效。一旦记住了各种命令及其参数，将体会到在命令行中比在图形界面中工作效率更高。
- 编程开发对完成项目大有帮助。例如，编写脚本和程序通常是完成数据管理任务最快、最直接的方法。

如果决定通过命令行界面学习使用 R，那么可以从很多书籍和其他资源得到帮助。例如，作者和 Sanford Weisberg 撰写了一本书[29]，该书在应用回归分析的背景下介绍了 R，包括 R 编程。许多有关备用资源(包括免费资源)的信息请参见 R 主页(https://www.r-project.org)上的 Documentation 链接。

R Commander 旨在促进向 R 的命令行使用过渡：R Commander 生成的命令在“R 语法文件”选项卡中可见。“R 语法文件”选项卡的内容可以保存到文件中，并可以在 R Commander 或 R 编程编辑器中重新使用。同样，可以独立于 R

Commander 保存、编辑和执行 R Commander 的 R Markdown 选项卡中生成的动态文档。第 3 章将简要讨论这些功能。

　　R 的 Windows 和 Mac OS X 安装都带有简单的编程编辑器,但是强烈建议将 RStudio 交互式开发环境(IDE)用于 R 的命令行操作。RStudio 包含功能强大的编程编辑器,是在 R 中进行常规数据分析和编程的理想选择,包括 R 程序包的开发,并且它支持 R Markdown 文档。与 R 和 R Commander 一样,RStudio 也是免费的开源软件: 可访问 RStudio 网站(网址为 https://www.rstudio.com/products/rstudio/)以获取详细信息,包括大量文档。

1.5　本书资源网站

作者为读者设立了一个网站(https://tinyurl.com/RcmdrBook),提供各种资源。

- 本书示例中使用的所有数据文件。
- 详细(并且可能会更新)的安装说明,包括超出第 2 章中说明的故障排除信息。
- 本书出版后有关 R Commander 的重大更新信息以及对书中错误更正的勘误表。
- R Commander 插件包作者手册。

关于软件版本的说明: 本书是基于目前的 R 版本 4.1.0 和 **Rcmdr** 程序包版本 2.7-1。未来 R Commander 的重大更改或将对 R Commander 有重大影响的更改都将在本书的网站上披露。

Chapman & Hall/CRC 出版社维护了本书的英文网站链接,网址是 https://www.crcpress.com/Using-the-R-Commander-A-Point-and-Click-Interface-for-R/Fox/p/book/9781498741903,当然也可以从 http://tinyurl.com/RcmdrBook 进行访问。

第 2 章
R 和 R Commander 的安装

本章介绍如何从 Internet 下载 R 和 R Commander 并在 Windows、Mac OS X 和 Linux/UNIX 系统上进行安装。

2.1 获取并安装 R 和 R Commander

本书的网站上有安装 R 和 **Rcmdr** 程序包的更详细(可能是最新)的信息。如果本章提供的信息不充分或者遇到本章未讨论的难点,请访问该网站。

R 和像 **Rcmdr** 这样的程序包可通过 Internet 上的 CRAN(参见第 1 章)获得,网址为 https://cran.r-project.org。不过,最好不要直接从主 CRAN 网站下载 R 和 R 程序包,而要使用 CRAN 镜像站点。CRAN 镜像列表的链接位于 CRAN 主页(其顶部如图 2.1 所示)的左上方。个人建议使用第一个镜像 0-Cloud,因为该镜像通常既可靠又快速。

无论你是 Windows 用户、Mac OS X 用户还是 Linux/UNIX 用户,我都建议安装 R 的当前版本,例如 R 版本 $x.y.z$。在此通用版本号中,x 表示主要版本号,y 表示次要版本号,z 表示 R 的补丁版本号。R 核心团队于每年春天发布 R 的新次要版本 $x.y.0$,然后根据需要发布补丁版本用于修复缺陷。主要版本很少变动,并且只有在对基本 R 软件进行了实质性修改时才更新版本号。在撰写本书时,R 的当前版本为 4.1.0[1]。

---

1 诚然,本书的编写需要一段时间。本书定稿时,R 4.1.0 是最新版本。

The Comprehensive R Archive Network

Download and Install R

Precompiled binary distributions of the base system and contributed packages, **Windows and Mac** users most likely want one of these versions of R:

- Download R for Linux
- Download R for (Mac) OS X
- Download R for Windows

R is part of many Linux distributions, you should check with your Linux package management system in addition to the link above.

CRAN
Mirrors
What's new?
Task Views
Search

图 2.1   CRAN 主页的顶部(截图于 2021 年 4 月 18 日)

一般(最多)有 5 个步骤来安装 R 和 R Commander。

(1) 下载并安装 R。

(2) 仅在 Mac OS X 上下载并安装 XQuartz 窗口软件。

(3) 启动 R 并安装 **Rcmdr** 程序包。

(4) 加载 **Rcmdr** 程序包并在出现提示要求安装其他程序包时允许其安装。

(5) 如果需要，可选择下载并安装 Pandoc 和 LaTeX 软件以生成增强的报告(如 3.6 节所述)。

下文将具体介绍针对 Windows、Mac OS X 和 Linux/UNIX 系统的安装过程。

2.2　在 Microsoft Windows 上安装 R 和 R Commander

在选择的镜像的主页上，单击 Download R for Windows 链接，该链接显示在页面顶部附近。然后，依次单击 install R for the first time 和 Download R-*x.y.z* for Windows 链接。

下载完成后，双击 R 安装程序。可以在 R 安装程序中采用所有默认设置，但建议读者进行以下修改。

- 通常是将 R 安装到标准路径 C:\Program Files\R\R-*x.y.z*\(对于 R 版本 *x.y.z*)；但也可将 R 安装到路径 C:\R\R-*x.y.z*\，而不是标准位置。

- 在 R for Windows 上，R Commander 最好与"单文档界面"配合使用。在默认的"多文档界面"下，R Commander 主窗口及其各种对话框将不包含在 R 主窗口中，并且可能不会停留在该窗口的顶部。[1]
- 在 R 安装程序的"启动选项"屏幕中，选择"Yes(自定义启动)"。然后在优先项中选择 SDI，而不是默认的 MDI。虽然可以随时选择其他项，但可以为所有剩下的选项采用默认值。

对于安装过程中的关键步骤，建议某些选项采用非默认方式，如图 2.2～图 2.6 所示。

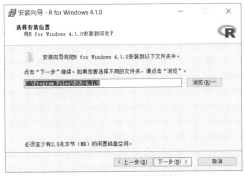

图 2.2　R 安装的路径选择

图 2.3　R 安装的组件选择

1　为明确起见，R Commander 既可以与 SDI 一起使用，也可以与 MDI 一起使用，但是与 SDI 一起使用更方便。

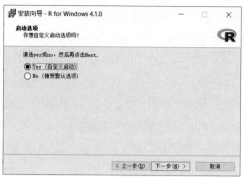

图 2.4   R 安装的启动选项

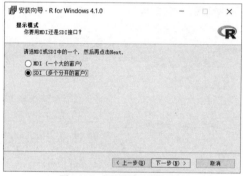

图 2.5   R 安装的显示模式选择

图 2.6   R 安装的帮助风格选择

安装后，以标准方式启动 R，例如双击其桌面图标或从 Windows 的"开始"
菜单中选择它。如果在 64 位 Windows 计算机上运行 R(并且几乎所有当前的计算机都是 64 位的)，则建议只安装 64 位版本的 R。[1]

如果安装时正连接着 Internet，则安装 **Rcmdr** 程序包的最简单方法是通过 R 控制台(R Console)中的"程序包"|"安装程序包..."菜单(即单击"程序包"菜单，选择菜单项"安装程序包..."，然后从 CRAN 上可用的 R 包的字母顺序列表中选择 **Rcmdr** 包)，或者通过在 R 控制台的命令提示符 > 下输入命令 install.packages("Rcmdr") 来完成(紧接着按回车键)。无论哪种情况，R 都会要求为安装选择一个 CRAN 镜像。建议再次选择第一个镜像 0-Cloud。R 将安装 Rcmdr 程序包，以及启用 R Commander 所需的许多其他 R 程序包。

当使用命令 library(Rcmdr) 首次运行 **Rcmdr** 程序包时，它将请求下载并安装其他程序包，请接受这个请求。

故障排除

在 Windows 系统上安装 R 和 R Commander 通常很简单。有时，由于使用的 CRAN 镜像中缺少某些 **Rcmdr** 所需的程序包，导致其未被安装，结果 R Commander 无法启动。这种情况下，通常会出现有关缺少程序包的错误信息提示。

简单的解决方案就是直接安装缺少的程序包(如果有多个，则安装多个程序包)。例如，如果缺少 **car** 程序包，则可以通过 R 命令 install.packages("car") 或从 R 控制台的"程序包"菜单中进行安装，可以选择一个不同于最初使用的 CRAN 镜像。

有时，当用户从 R 退出并选择保存 R 工作空间时，R Commander 将无法在后续会话中正常工作。正如将在 3.8 节中解释的那样，建议不要保存 R 工作空间以避免此类问题。如果通过 R Commander 菜单("文件"|"退出"|"只退出 Commander" /"同时退出 Commander 与 R")退出 R，则将得到提示"是否保存工作空间映像"，此时请选择"否"。

但是，如果无意中在上一个会话中保存了工作空间映像，则该工作空间映像将保存在名为.**RData** 的文件中。要找到此文件的位置，可在 R 启动后立即在 R 的命令提示符>下输入命令 getwd()，即 get working directory。命令的输出

1　有时，在 Windows 8 系统上，R 的 64 位版本似乎与报告的浏览 HTML 文件不兼容(如 3.6 节中所述)。这些情况下，可使用 R 的 32 位版本而不是 64 位版本。R 的 64 位版本的主要优点是它允许分析更大的数据集。

将显示此文件的路径。打开 Windows 文件资源管理器，在目录中找到该文件并将其删除。注意不要删除与 R 图标相关的任何其他(有文件名的)文件。

如果 Windows 被配置为限制浏览特定的文件类型(也称为文件扩展名)，因为这是默认设置，则将在 Windows 文件资源管理器中看不到该文件，因为文件名以句点(.)开头。可以通过打开文件资源管理器的"文件夹选项"对话框，切换到"视图"选项卡，然后选中"显示隐藏的文件、文件夹或磁盘"单选按钮，单击"确定"按钮以发现该文件。

2.3　在 Mac OS X 上安装 R 和 R Commander

在安装 R 之前，请从屏幕左上方的 Apple 菜单中运行"软件更新"，以确保 Mac OS X 系统是最新的。这很重要，因为 R 假定所在系统是最新的版本，否则 R 可能不能正常运行。

在所选择的CRAN 镜像的主页上，单击页面顶部附近的链接Download R for (Mac) OS X，然后单击R-x.y.z.pkg。[1]下载后，双击 R 安装程序。可以采用所有默认值。

R 的 Mac OS X 安装程序的初始屏幕如图 2.7 所示。

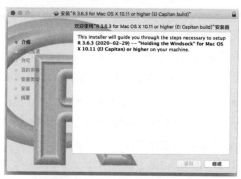

图 2.7　Mac OS X 安装程序(版本 3.6.3)

---

[1] 如果读者使用的是 Mac OS X 的较早版本，则可能无法使用当前版本的 R，但应该能够找到与相应版本操作系统兼容的 R 的稍早版本。下载 R 安装程序之前，请阅读有关 Mac OS X 页面上的 R 的信息。

2.3.1　为 Mac OS X 安装 X11(XQuartz)窗口系统

R Commander 使用 **tcltk** 程序包(它是 R 发行版的标准组件)。在 Mac OS X 系统上，R 还安装了供 **tcltk** 程序包使用的某个版本的 Tcl / Tk GUI 构建器。此版本的 Tcl/Tk 使用 X11 窗口系统(也称 X Windows)而不是标准的 Mac Quartz 窗口系统。

Mac OS X 的某些旧版本已预先安装了 X11，而其他旧版本在操作系统安装磁盘上随附了 X11。X11 在较新版本的 Mac OS X 中不存在，但可在 Internet 上的 XQuartz 网站中找到，网址为 http://xquartz.macosforge.org。[1]

建议读者仅安装当前版本的 XQuartz，而无论计算机上是否安装了较旧版本的 X11。

- 下载当前 *x.y.z* 版本的 XQuartz 的磁盘映像文件(XQuartz-*x.y.z*.dmg)。
- 双击打开该文件时，将找到 XQuartz.pkg；双击 XQuartz.pkg，以运行 XQuartz 的安装程序，选择所有默认设置。XQuartz 安装程序的初始屏幕如图 2.8 所示。
- 安装程序运行后,必须注销并重新登录 Mac OS X 账户或重新启动计算机。

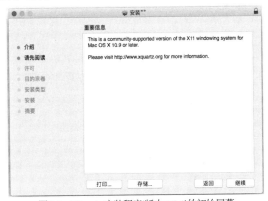

图 2.8　XQuartz 安装程序(版本 2.8.1)的初始屏幕

如果随后升级了 Mac OS X(例如从版本 10.10 升级到版本 10.11)，则必须重新安装 XQuartz(可能还需要重装 R 本身)，即使先前已经安装过。

1　尽管 XQuartz 的名称可能会引起混淆，但它是 Mac OS X 的 X11 窗口系统的实现。

2.3.2　安装 Rcmdr 程序包及其附属程序包

一旦安装了 R 和 X11，则以标准方式启动 R，例如通过双击 Applications 文件夹中的 R 图标。

如果连接着 Internet，则安装 **Rcmdr** 程序包的最简单方法是通过 R 控制台中的"程序包"菜单：单击"程序包"菜单，然后选择"安装程序包..."菜单项。

- 在"程序包搜索"框中输入 **Rcmdr**，然后单击"获取列表"按钮。
- R 将要求选择一个 CRAN 镜像；和以前一样，建议选择第一个镜像 0-Cloud，并且在被询问时，选择将选定的镜像设置为默认镜像。
- 在结果包列表中单击 **Rcmdr** 包；选中"安装附属包"框，然后单击"安装选定项"按钮。
- 安装可能会花费一些时间，一旦安装了 **Rcmdr** 程序包及其附属包，就可以关闭"R 程序包安装程序"窗口。

作为使用 R 菜单安装的替代方法，是在 R 控制台中的命令提示符>下输入 `install.packages("Rcmdr")`(随后按回车键)。R 将安装 **Rcmdr** 程序包以及 R Commander 启动所需的许多其他 R 程序包。

使用命令 `library(Rcmdr)` 首次加载 **Rcmdr** 程序包时，它可能会提供下载和安装其他程序包的功能；如果是这样，请选择允许继续安装。

在某些版本的 Mac OS X 上，首次加载 **Rcmdr** 程序包时，可能会看到 R 的其他消息"otool 命令需要命令行开发人员工具。需要立即安装工具吗"。如果看到此消息，请在消息对话框中单击"安装"按钮。

2.3.3　防止 Mac 睡眠模式影响 R

在 Mac OS X 10.9(Mavericks)或更高版本中，随着会话的运行，R Commander 可能会变慢或显示菜单响应缓慢。此行为是由于 R.app 窗口不可见后，Mac OS X 因节能设置而进入了"睡眠"模式(称为"应用程序休眠")。

对于上述问题，有几种解决方案。除了不太方便的保持 R.app 窗口始终浮于所有窗口之上可见外，最简单的解决方案是抑制应用程序休眠。可从 R Commander 的"工具"菜单中选择"管理 R.app 的 Mac OS X 应用程序休眠"菜单项。在出现的对话框中，单击单选按钮以关闭"应用程序休眠"。在此更改之前，该设置在 R.app 会话中一直保持。

对于其他替代解决方案，还可参考本书的网站。

2.3.4　故障排除

有时，无法在 Mac OS X 中正确加载 **Rcmdr** 程序包。发生此问题时，原因几乎总是 **tcltk** 程序包加载失败。通常，在 R 控制台显示的报错信息中会明确指出该问题。可以确认此诊断信息并尝试在全新的 R 会话中直接加载 **tcltk** 程序包，通过在 R 命令提示符下发出 library(tcltk) 命令解决问题。

解决方案几乎总是如上所述的安装或重新安装 XQuartz(可能还有 R)，记住在尝试再次运行 R 和 R Commander 之前先注销并重新登录到希望使用的账户。如果该解决方案失败，则可在本书网站上的 Mac OS X 安装说明中查阅更详细的故障排除信息。

除了加载 **tcltk** 程序包失败，偶尔还有可能是运行 **Rcmdr** 所需的一个 R 程序包没被安装，可能是因为曾使用的 CRAN 镜像中缺少该程序包，导致 R Commander 无法启动。这种情况下，通常会显示有关缺少程序包的报错信息。

简单的解决方案和 Windows 系统中一样。

不过，Mac OS X 的较新版本无法轻松地在 Finder 中查看该目录的内容，这时可以借助 Mac OS X 的 Terminal 程序来完成。在 Applications 文件夹下的 Mac OS X Utilities 子文件夹中找到并调用 Terminal，切换到上述的目标目录。在 Terminal $命令提示符下输入命令 ls -a(接着按回车键)，以列出文件夹中的所有文件。在这些文件中，应该看到一个**.RData** 文件。然后输入命令 rm .Rdata 以删除该文件。

2.4　在运行 Linux 和 UNIX 的计算机上安装 R 和 R Commander

我们还可从 CRAN 中获得用于多种 Linux 发行版本(Debian、RedHat、SUSE

和 Ubuntu)的 R。选择适合的版本，然后按照说明进行操作。

如果读者的环境与这些 Linux 或 UNIX 版本不符合，则必须从源代码重新编译 R。https://cran.r-project.org/doc/FAQ/R-FAQ.html 网页上的 R FAQ(常见问题)列出了详细规范和步骤(写作本书时的问题编号是 2.5.1)。

一旦安装了 R，然后需要安装 **Rcmdr** 程序包及其附属包。启动 R 并在命令提示符>下输入命令 `install.packages("Rcmdr")`(然后按回车键)。可能会要求选择一个 CRAN 镜像站点。和前述的一样，建议选择第一个镜像 0-Cloud。安装 **Rcmdr** 及其直接附属程序包后，通过命令 `library(Rcmdr)` 来启动 R Commander。R Commander 会要求安装一些其他程序包，请安装它们。

故障排除

同样，由于使用的 CRAN 镜像中缺少 **Rcmdr** 程序包运行所需的 R 程序包，造成缺失的程序包未被安装，会导致 R Commander 无法启动。这种情况下，通常会出现有关缺少包的报错信息。

简单的解决方案也和 Windows 系统中一样。

然后，在新打开的 Linux 终端的命令提示符下，切换到上述的目标目录。输入命令 `ls -a`(接着按回车键)，以列出文件夹中的所有文件。在这些文件中，应该看到一个 **.RData** 文件。然后输入命令 `rm .Rdata` 以删除该文件。

你可能还会发现，R 缺少生成程序包所需的 C 或 Fortran 编译器，或 **tcltk** 程序包所需的 Tcl / Tk 的安装，而后者又由 R Commander 使用。如果遇到这些困难或其他困难，请参阅 https://cran.r-project.org/doc/FAQ/R-FAQ.html 上的 R FAQ，以及 https://cran.r-project.org/doc/manuals/r-release/ R-admin.html 上的 R 安装和管理手册。

2.5　安装可选的辅助软件：Pandoc 和 LaTeX

安装 R 和 **Rcmdr** 程序包足以创建 HTML(网页)报告(请参见 3.6 节)，但如果

希望为报告创建可编辑的 Word 文档或 PDF 文件，则必须另外安装 Pandoc 和 LaTeX(后者与 Pandoc 结合使用是生成 PDF 报告需要的)。[1]最方便的安装方法是在 R Commander 菜单中选择"工具"|"安装辅助软件..."。[2]

1　Pandoc 是一种灵活的程序，用于将文档从一种格式转换为另一种格式，而 LaTeX 是技术排版软件。Pandoc 和 LaTeX 都是开源软件。

2　仅当缺少 Pandoc 或 LaTeX 时，"安装辅助软件..."菜单项才会出现在工具菜单中。

第 3 章

快速浏览 R Commander

本章将学到 R Commander 的操作概述。在本书的后面，将更详细地介绍本章中讨论的许多主题。

3.1 启动 R Commander

这里假定读者已安装了 R 和 **Rcmdr** 程序包(如第 1 章所述)。如果你还没有阅读第 1 章，那么现在正是这样做的好时机。

在计算机上以正常方式启动 R，例如双击 Windows 中的 R 桌面图标，或者双击 Mac OS X 的 Applications 文件夹中的 R.app 或单击 Mac OS X 的 Launchpad[1] 中的 R 图标。在 Linux 或 UNIX 计算机上，通常可以通过在终端窗口的命令提示符下输入 R 来启动 R。

启动后，在 R 的命令提示符>下输入命令 `library(Rcmdr)`，然后按回车键。此命令应加载 **Rcmdr** 程序包，并在短暂延迟后启动 R Commander GUI。图 3.1 所示为 Windows[2] 上的启动窗口，图 3.2 所示为 Mac OS X 上的启动窗口。如果在启动 R 或 R Commander 时遇到问题，可参阅第 2 章中各小节的故障排除部分。

1　如果计划在 Mac OS X 下频繁使用 R 和 R Commander，则把 R 图标添加到扩展坞会更方便。

2　这就是 R 控制台在 R for Windows 单文档界面(SDI)中显示的方式(正如在第 2 章的安装说明中建议的那样)。如果改为使用默认的多文档界面(MDI)安装 R，则 R 控制台出现在较大的 RGui 窗口内，这对 R Commander 来说不是理想的安排。

图 3.1　Windows 10 上 R Console 和 R Commander 的启动窗口

3.2　R Commander 的界面

在 Windows 上，R Commander(见图 3.1)看起来像一个标准程序。相反的是，在 Mac OS X 上(见图 3.2)，R Commander 有其自己的主菜单栏，而不像一个标准应用程序(标准应用程序是使用 Mac OS X 桌面顶部的菜单栏)。[1]

正如所见，R Commander 主窗口在 Windows 和 Mac OS X 上看起来非常相似。在本章之后，我将以 Windows 10 上显示的 R Commander 对话框为例进行介绍；而且，书中的所有对话框和图形将以单色(灰度)而不是彩色呈现。[2]

---

[1]　如第 2 章所述，随 R 一起安装并由 R Commander 使用的 Tcl/Tk GUI 构建器采用 X11 窗口系统，而不是本机 Mac Quartz 窗口系统。这就是 R Commander 无法使用标准 Mac OS X 顶级菜单栏的原因。

[2]　少数情况下，颜色对于图的解释很重要，这样的图会给出相关说明。

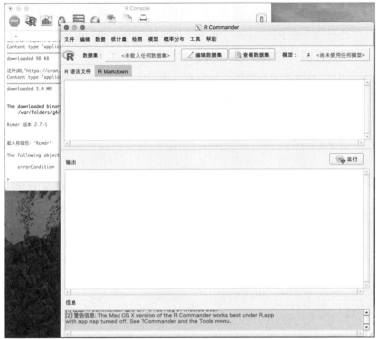

图 3.2　Mac OS X 上 R.app 和 R Commander 的启动窗口

在 R Commander 窗口的顶部有一个菜单栏，其中包含以下顶级菜单。

- 文件：包含的菜单项用于打开和保存各种文件，以及用于更改 R 工作目录，即文件系统中的文件夹或目录(默认情况下，R 将在其中查找和写入文件)。

- 编辑：包含用于编辑文本的常用菜单项，如"复制"和"粘贴"，以及用于 R Markdown 文档的专用项(3.6.2 节中将进行讨论)。

- 数据：包含用于导入、导出和处理数据的菜单项和子菜单(具体参见 3.3 节和 3.4 节以及第 4 章)。

- 统计量：包含用于各种统计数据分析的子菜单(在随后的几章中讨论)，包括使统计模型拟合数据(参见第 7 章)。

- 绘图：包含用于创建通用统计图的菜单项和子菜单(具体参见第 5 章)。

- 模型：包含的菜单项和子菜单用于在已拟合到数据的统计模型上执行各种操作(参见第 7 章)。

- 概率分布：包含一个菜单项，用于为模拟设置 R 随机数发生器种子，还包含一些子菜单，用于根据各种常见(和不太常见)的统计分布进行计算、绘图和采样(参见第 8 章)。

- 工具：包含的菜单项用于加载 R 程序包和 R Commander 插件包(参见第 9 章)、设置和保存 R Commander 选项(参见 3.9 节)、安装可选的辅助软件(参见 2.5 节)，以及在 Mac OS X 上用于管理 R.app 的程序休眠设置(参见 2.3.3 节)。

- 帮助：包含用于获得有关 R Commander 和 R 信息的菜单项；包括指向简要介绍手册以及 R Commander 和 R 网站的链接，有关使用中数据集的信息，以及使用 R Markdown 创建报告的详细说明(参见 3.6 节)的网站链接。

另外，本书的附录中有完整的 R Commander 菜单树。

菜单下方是一个工具栏，其中的一个按钮显示使用中数据集的名称(在启动时显示<未载入任何数据集>)；还有用于编辑和查看使用中数据集的按钮以及一个显示使用中统计模型的按钮(在将统计模型拟合到使用中数据集中的数据之前显示<尚未使用任何模型>)。如果多个数据集或模型驻留在 R 工作空间中，则"数据集"和"模型"按钮也可用于从多个数据集和相关的统计模型中进行选择；R 工作空间是计算机的主存区域，保存着 R 的数据集、统计模型以及其他对象。

工具栏下方是一个带有两个选项卡的窗口窗格，标签分别为"R 语法文件"和 R Markdown，用于收集在 R Commander 会话期间生成的 R 命令。"R 语法文件"和 R Markdown 选项卡的内容可以被编辑、保存和重复使用(如 3.6 节中所述)，并且"R 语法文件"选项卡中的命令可以通过使用鼠标选择一个或多个命令来修改和重新执行(单击并拖动鼠标光标选择一个或多个命令)，然后单击"R 语法文件"选项卡下方的"运行"按钮。如果有自己的命令，也可以在"R 语法文件"选项卡中输入自己的命令，然后使用"运行"按钮执行它们(参见 3.7 节)。[1]R Markdown 选项卡初始位于"R 语法文件"选项卡的后面，也会累积 R

1　如果命令是独立的，则可以在光标位于该行中的任何位置时通过按"运行"按钮来执行该命令；但是，如果命令跨越多行，则必须同时选择所有行并运行以执行它们。

在会话期间生成的 R 命令，但以动态文档方式存在，可以对其编辑和细化以创建工作的打印报告(如 3.6.2 节中所述)。

"输出"窗格在"R 语法文件"和 R Markdown 窗格的下面。该窗格收集由 R Commander 生成的 R 命令以及相关的信息输出。"输出"窗格中的文本也是可编辑的，并且可以将其复制和粘贴到其他程序中(如 3.6.1 节中所述)。

最后，在 R Commander 窗口的底部，"信息"窗格记录由 R 以及 R Commander 产生的消息，其带有编号和不同的颜色："注释"是深蓝色，"警告"是绿色，"错误消息"是红色。例如，启动注释指明 R Commander 的版本以及会话开始时的日期和时间。

启动 R Commander GUI 后，可以安全地最小化 R 控制台窗口。此窗口偶尔会报告消息，例如 R Commander 加载时会连锁加载其他 R 程序包，但 R Commander 极少使用这些消息，并且几乎总是可以放心地忽略它们。[1]

3.3　将数据读入 R Commander 中

R Commander 中的统计数据分析基于 R 数据框形式的使用中数据集。数据框是一个矩形数据集，其中的行(水平排列)代表案例(通常是个体)，列(垂直排列)代表描述这些案例的变量。数据框中的列可以包含各种形式的数据：数值变量、字符串变量(具有"Yes""No"或"Maybe"等值)、逻辑变量(具有 TRUE 或 FALSE 值)以及因子(它们是 R 中分类数据的标准表示形式)。通常，R Commander 中使用的数据框由数值变量和因子组成。如果存在字符和逻辑变量，则它们被视为因子。

R 和 R Commander 允许在工作空间中容纳尽可能多的数据框，[2]但在任何给定时间只有一个处于使用状态。可以使用 R Commander 菜单从多个来源将数据读取到数据集中，[3]具体参阅"数据" | "导入数据"子菜单，以及"数据" | "R 程序

1　在最小化 Mac OS X 中的 R 控制台之前，请确保已关闭"应用程序休眠"设置；否则，如 2.3.3 节中所述，R Commander 可能会变得无响应。
2　除非使用大规模数据集，此时 R Commander 可能不是 R 界面的一个好选择；否则，将数据装入 R 工作空间将不是问题。
3　第 4 章将详细讨论来自各种来源的数据输入。

包的附带数据集"|"读取指定程序包中附带的数据集…"菜单项和关联的对话框。如果工作空间中有多个数据框，则可以通过单击工具栏中的"数据集"按钮或通过"数据"|"使用中的数据集"|"选择欲使用的数据集…"菜单进行选择。

　　一个方便的数据源是纯文本(ASCII)文件，每行一个个体案例，第一行为变量名，每一行中的值均由简单的定界符(例如空格或逗号)分隔。图 3.3 显示了一个带有逗号分隔符的纯文本数据文件示例 **GSS.csv**。[1]

```
year,gender,premarital.sex,education,religion
1972,female,not wrong at all,post-secondary,Jewish
1972,male,always wrong,less than high school,Catholic
1972,female,always wrong,high school,Protestant
1972,female,always wrong,post-secondary,other
1972,female,sometimes wrong,high school,Protestant
...
2012,female,not wrong at all,post-secondary,none
2012,male,not wrong at all,high school,Catholic
2012,female,sometimes wrong,high school,Catholic
```

图 3.3　**GSS.csv** 文件(文件中未包含全部 33 355 行，省略号代表被省略的行)

　　GSS.csv 文件中的数据来自美国综合社会调查(General Social Survey，GSS)，收集于 1972—2012 年。GSS 是由芝加哥大学的国家民意研究中心对美国人口进行的定期跨阶层抽样调查。每次问卷调查都会重复 GSS 中的许多问题，而其他问题也会每隔一段时间重复一次。为编纂 **GSS** 数据集，这里选择的 GSS 数据样本提供了有关调查的年份以及受访者的性别、受教育程度和宗教信仰等的信息。表 3.1 显示了 **GSS** 数据集中的变量的定义。

表 3.1　**GSS** 数据集中的变量

变量	值
year	数值型，即调查的年份(1972—2012 年)
gender	字符型(female 或 male)
premarital.sex	字符型(always wrong、almost always wrong、sometimes wrong 或 not wrong at all)
education	字符型(less than high school、high school 或 post-secondary)
religion	字符型(Protestant、Catholic、 Jewish、other 或 none)

1　本书中使用的 **GSS.csv** 和其他数据文件可从本书的网站上下载(参见 1.5 节)。

这里解释在 R 中如何命名对象(包括数据集和变量)：标准 R 名称由大小写字母(a～z 和 A～Z)、数字(0～9)、句点(.)和下画线(_)组成，并且必须以字母或句点开头。同样，R 区分大小写；因此，像 education、Education、EDUCATION 等名称代表不同的值。

为使该介绍性示例尽可能简单，当从原始来源编纂 **GSS** 数据集时，去掉了 4 个重要变量中的任何一个缺少数值的案例(当然，该调查当年没有缺失值)。在 R 中，缺失的值用 NA(即 not available)表示。在 R Commander 中，NA 是用于文本数据输入的默认缺失数据代码，但也可以指定其他字符作为缺失数据代码，例如?、.或 99。这些和其他一些复杂情况及变体将在第 4 章中进行详细讨论。

要将纯文本格式的简单格式数据读入 R Commander，可使用“数据” | “导入数据” | “导入文本文件、剪贴板或 URL 文件...”菜单。就像该菜单项的名称所表示的那样，可以将数据复制到剪贴板(例如从格式适当的电子表格中)或从 Internet 上的文件中读取数据，但大多数情况下，数据将驻留在计算机的文件中。

出现的对话框如图 3.4 所示。这是一个相对简单的 R Commander 对话框，例如它没有多个选项卡，但仍说明了 R Commander 对话框的几个常见元素。

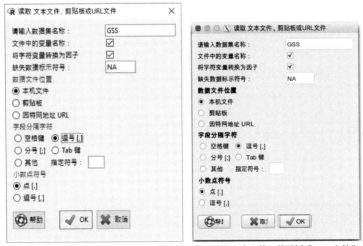

图 3.4　在 Windows 计算机(左)和 Mac OS X(右)中出现的“读取文本文件、剪贴板或 URL 文件”对话框

- 有一个复选框指示数据中是否包含变量名称(就像它们在 **GSS.csv** 数据文件中一样)。

- 有单选按钮，用于选择以下几个选项之一：数据位于何处、数据值如何分隔以及小数点使用什么字符(例如，在法国和加拿大魁北克省使用逗号)。

- 在某些文本字段中，用户可以输入信息，例如数据集的名称、缺失的数据标示符号，以及可能的数据字段分隔符。

我在此对话框中采用了所有默认值，但有以下两个例外：一是将默认数据集名称 **Dataset** 更改为更具描述性的 **GSS**。根据前面提到的命名 R 对象的规则，像 GSS data 就不是合法的数据集名称。二是将默认字段分隔符从"空格"(一个或多个空格或者一个制表符)更改为"逗号"，因为这适用于逗号分隔值文件 **GSS.csv**。

"读取文本文件、剪贴板或 URL 文件"对话框的底部还有一些按钮，这些按钮是 R Commander 对话框中的标准按钮。

- "帮助"按钮在 Web 浏览器中打开 R 帮助页面，其显示了对话框的使用或对话框调用的 R 命令的使用文档。在本例中，单击"帮助"按钮将打开 R 的 **read.table** 函数(用于输入简单的纯文本数据)的帮助页面。R 帮助页面是超链接的，因此单击一个链接将在浏览器中打开另一个相关的帮助页面。

- 单击 OK 按钮将生成并执行一个 R 命令(或者在某些对话框中，是一系列 R 命令)。[1]这些命令通常被输入"R 语法文件"和 R Markdown 选项卡中，并且这些命令以及相关的信息输出出现在"输出"窗格中。如果产生了图形输出，它将显示在单独的 R 图形设备窗口中。

  单击 OK 按钮将显示一个标准的 Open 文件对话框，如图 3.5 所示。导航到计算机上数据文件的位置，然后选择 **GSS.csv** 文件。注意，默认情况下会列出 .csv、.txt 和 .dat 类型的文件(及其大写的类似名称)，这些是与纯文本数据文件关联的常见文件类型。

  单击 OK 按钮将从 **GSS.csv** 读取数据，创建数据框 **GSS** 并将其设置为 R Commander 中的使用中数据集。对话框调用的 **read.table** 命令将输

---

[1]　OK 按钮也是对话框中的默认按钮(在 Windows 上，该按钮以蓝色轮廓显示)，因此按回车键等效于在该按钮上单击鼠标左键。

入文件中的字符数据转换为 R 因子(这里指变量 **gender**、**premarital.sex**、**education** 和 **religion**)。

- 单击"取消"按钮将关闭"读取文本文件、剪贴板或 URL 文件"对话框。

显而易见，在 Windows 和 Mac OS X 中，对话框底部的按钮顺序是不同的，这反映了这两个计算平台上的 GUI 规范不同。

图 3.5　Open 文件对话框，其中选择了数据文件 **GSS.csv**

3.4　检查和重新编码变量

在将数据从外部源读入 R Commander 中后，通常最好做一次快速浏览，即使只是确认已正确读取它们也有必要。单击 R Commander 工具栏中的"查看数据集"按钮，将弹出如图 3.6 所示的数据查看器窗口。使用数据查看器窗口右侧的滚动条滚动行时，变量名称将保持显示在顶部。行号显示在数据的左侧；如果数据集的行已命名，则行名将显示在此处(如果需要水平滚动数据查看器，则行号或行名将保留在左侧)。当继续在 R Commander 中工作时，可以使数据查看器窗口在桌面上保持打开状态，也可以关闭它。如果将其保持打开状态，随后对使用中数据集进行任何更改，数据查看器将自动更新数据集的内容显示。

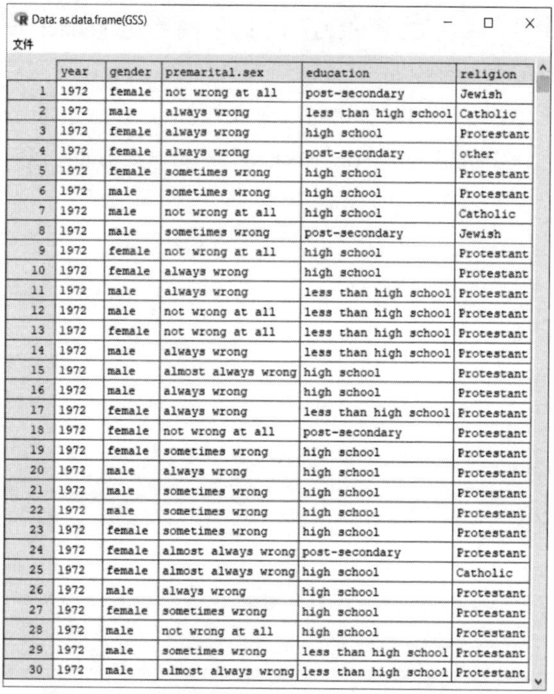

	year	gender	premarital.sex	education	religion
1	1972	female	not wrong at all	post-secondary	Jewish
2	1972	male	always wrong	less than high school	Catholic
3	1972	female	always wrong	high school	Protestant
4	1972	female	always wrong	post-secondary	other
5	1972	female	sometimes wrong	high school	Protestant
6	1972	male	sometimes wrong	high school	Protestant
7	1972	male	not wrong at all	high school	Catholic
8	1972	male	sometimes wrong	post-secondary	Jewish
9	1972	female	not wrong at all	high school	Protestant
10	1972	female	always wrong	high school	Protestant
11	1972	male	always wrong	less than high school	Protestant
12	1972	male	not wrong at all	less than high school	Protestant
13	1972	female	not wrong at all	less than high school	Protestant
14	1972	male	always wrong	less than high school	Protestant
15	1972	male	almost always wrong	high school	Protestant
16	1972	male	always wrong	high school	Protestant
17	1972	female	always wrong	less than high school	Protestant
18	1972	female	not wrong at all	post-secondary	Protestant
19	1972	female	sometimes wrong	high school	Protestant
20	1972	male	always wrong	high school	Protestant
21	1972	male	sometimes wrong	high school	Protestant
22	1972	male	sometimes wrong	high school	Protestant
23	1972	female	sometimes wrong	high school	Protestant
24	1972	female	almost always wrong	post-secondary	Protestant
25	1972	female	almost always wrong	high school	Catholic
26	1972	male	always wrong	high school	Protestant
27	1972	female	sometimes wrong	high school	Protestant
28	1972	male	not wrong at all	high school	Protestant
29	1972	male	sometimes wrong	less than high school	Protestant
30	1972	male	almost always wrong	less than high school	Protestant

图 3.6　显示 **GSS** 数据集的 R Commander 数据集查看器

尽管 **GSS** 数据集包含大量案例($n = 33\ 354$ 行)，但是只有 5 个变量，因此我将要对数据集中的所有变量进行汇总，通过“统计量” | “总结” | “使用中的数据集”菜单执行。结果如图 3.7 所示。

- 在 R Commander 会话中生成的 R 命令累积在“R 语法文件”选项卡和 R Markdown 选项卡(该选项卡当前位于“R 语法文件”选项卡的后面，因此不可见)中。
- 这些命令以及相关的信息输出将显示在“输出”窗格中。窗格右侧的滚动条使读者可以查看滚动到视图之外的先前输入和输出。如果某些输出信息比窗格宽，则可以类似地使用底部的水平滚动条进行查看。R Commander 尽量使输出适合“输出”窗格的宽度，但这并不总是奏效。
- 注意，“信息”窗格现在包含有关 **GSS** 数据集行、列大小的注释，该注释是在读取数据集时生成的并出现在初始启动消息的下方。

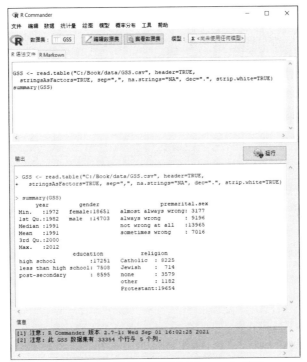

图 3.7　摘要显示使用中数据集的 R Commander 窗口

$\verb|summary(GSS)|$ 命令产生的输出包括数值变量 **year** 的六数摘要，分别报告变量的最小值、第一四分位数、中位数、平均数、第三四分位数和最大值。其他变量是因子，并显示因子的每个水平(类别)中的计数。

默认情况下，因子的水平按字母顺序排列。对于 **gender** 而言，这是无关紧要的，因为其水平为 "female" 和 "male"，但是 **premarital.sex** 和 **education** 的水平具有与字母顺序不同的自然顺序。尽管 **religion** 的类别是无序的，但仍然希望使用与字母排序不同的顺序，例如将类别 "other" 和 "none" 放在其他类别之后。

在本章中，不会使用 **GSS** 数据集中的所有变量，但为了说明对一个因子的水平进行重新排序，将把 **education** 的水平按其自然顺序排列。选择 "数据" |"管理使用中数据集的变量" |"重新排序因子变量水平..." 菜单，将显示图 3.8 左侧的对话框。在对话框的 "因子变量" 列表框中选择 **education** 并使因子名

称保持为默认值，同时不选中"制作有序的因子变量"复选框。[1]因为变量名称未更改，所以新的 **education** 变量将替换 **GSS** 数据框中的原始变量，因此当单击 OK 按钮时，R Commander 会要求进行确认。

注意：由于 R Commander 中文版的兼容性问题，为了"将因子变量水平重新排序"对话框能正常工作，请在"因子变量名称"框中输入具体名称，如这里的 **education**。

图 3.8 选中 **education** 的"将因子变量水平重新排序"对话框(左)和显示重新排序的 **education** 水平的"重新排序水平"子对话框(右)

变量列表框是 R Commander 对话框的一个常见功能。

- 通常，单击 R Commander 变量列表中的变量名即可选择该变量。
- 如果要选择多个变量("将因子变量水平重新排序"对话框中不是这种情况)，可以在按住 Ctrl 键的同时单击鼠标左键选择其他变量。
- 按住 Ctrl 键单击可"切换"选择，因此如果一个变量已被选中，则按住 Ctrl 键单击其名称将取消选择该变量。
- 在 Mac 和 PC 上，Ctrl 键的使用方式相同，尽管在 Mac 键盘上，该键名为 control(不能在此处使用 Mac 的 command 键来代替它)。
- 同样，按住 Shift 键单击可在列表中选择一个连续的变量范围：单击所需范围一端的变量，然后按住 Shift 键单击另一端的变量。

---

1 R 中的有序因子是指其水平被识别为具有固有排序的因子。可在这里使用有序因子，但这样做没有真正的意义，我在本书中不准备采用有序因子。

- 最后，如果列表太长而无法同时显示所有变量，则可以使用变量列表中的滚动条，然后按字母键滚动到名称以该字母开头的第一个变量。在本例中，不必滚动变量列表，因为数据集中只有 4 个因子。

在"将因子变量水平重新排序"对话框中单击 OK 按钮后，将弹出图 3.8右侧的子对话框。在单击 OK 按钮之前，我输入了受教育水平值的自然顺序。

在此的最终目的是建立一个列联表，以探讨对婚前性行为的态度是否随时间发生变化以及如何发生变化。为此，将调查分为十年一组。此外，因为相对较少的受访者对婚前性问题的回答为 almost always wrong，所以将这种回答类别与 always wrong 放在一起。两种操作都可以通过"变量重新编码"对话框来执行，该对话框可通过"数据"|"管理使用中数据集的变量"|"变量重新编码..."菜单来调用。完成的对话框将 **year** 重新编码为 **decade**，如图 3.9 所示。

图 3.9　"变量重新编码"对话框(将 **year** 重新编码为 **decade**)

该对话框的"输入重新编码指令"框中使用以下语法。

- 冒号(:)用于指定原始数值变量 year 的值范围。
- 因子水平用双引号引起来(例如"1970 s")。
- 特殊值 lo 和 hi 可用于数值变量的最小值和最大值。
- 等号(=)将每组旧值与要创建的因子水平相关联。

- 因为在 21 世纪 10 年代仅进行了两次调查，所以我决定将这些内容隐含地包括在 21 世纪 00 年代进行的调查中。等效的最终重新编码指令应为 else = "2000s"。
- 如此处(比较典型)有多个重新编码指令时，每个指令出现在单独的一行；完成输入每个重新编码指令后，可按键盘上的回车键移至下一行。
- 单击"帮助"按钮(参见 4.4.1 节)以便更全面地了解如何指定重新编码指令。

在本例中，从变量列表中选择变量 **year**，用 **decade** 替换默认变量名(即 **variable**)，同时选中复选框以使 **decade** 成为一个因子。[1]

除了现在熟悉的"帮助"、OK 和"取消"按钮外，"变量重新编码"对话框中还有"应用"和"重新选择"按钮。

- 单击"应用"按钮类似于单击 OK，不同之处在于在生成并执行一个或一组命令后，对话框依然处于打开状态。
- 通常，在使用中的数据集未更改的情况下，R Commander 对话框会"记住"它们从一次调用到下一次调用间的状态。可以在对话框中按"重新选择"按钮将对话框恢复为原始状态。

单击"应用"按钮后，"变量重新编码"对话框将重新打开并保持其以前的状态。因为 **premarital.sex** 的重新编码与 **year** 完全不同，所以按"重新选择"按钮并指定所需的重新编码，如图 3.10 所示。选择 **premarital.sex** 作为要重新编码的变量，然后输入 **premarital** 作为要被创建的新因子的名称。可以使用与原始变量相同的名称，这种情况下，R Commander 会要求进行确认。由于打算保留 sometimes wrong 和 not wrong at all 这两个水平，因此不必重新编码它们。

对话框中的单个重新编码指令将"almost always wrong"和"always wrong"更改为"wrong"，**premarital.sex** 的原始因子值位于=的左侧，以逗号分隔。此重新编码指令太长，无法在对话框中完整显示，但"输入重新编码指令"文本框底部的滚动条可以看到全部内容；整个指令是"almost always wrong", "always wrong" = "wrong"。因为新因子 **premarital.sex** 的水平已按照其

1　如果要将相同的重新编码指令应用于每个变量，则可以选择多个变量。如果要重新编码多个变量，则将提供的名称视为新变量名称的前缀，这些新变量名称是通过将前缀添加到已编码变量的名称上而形成的。

自然顺序进行排列，所以不必随后对其进行重新排序。

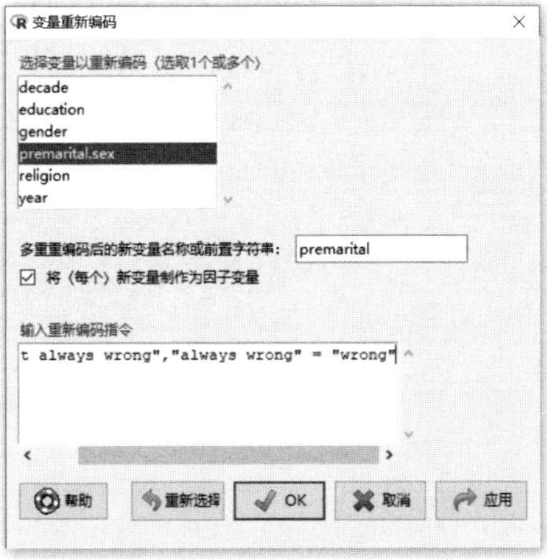

图 3.10　"变量重新编码"对话框(将 **premarital.sex** 重新编码为 **premarital**)

　　像 R Commander 这样的图形用户界面的一个优点是，通常通过指向和单击来进行选择，从而最大限度地减少了手动输入的必要性，也减少了错误。R Commander 不能完全消除手动输入，因此在输入重新编码指令时必须小心。这在 R Commander 的对话框中输入文本时也同样适用。例如，如果在重新编码指令中错误地输入了一个已有的因子水平，则该指令将无效。在水平名称中必须包含空格和其他标点符号(例如逗号)。另外，R 名称区分大小写。

　　注意，我主要将"变量重新编码"对话框用于两个不同的目的。

- 将数值变量的范围分解为类区间(通常称之为 bin)，例如这里用数值变量 **year** 创建一个因子 **decade**。分箱很有用，因为它可用于制作一个列联表(在 3.5 节中)，将对婚前性行为的态度与问卷日期联系起来。在列联表中，如果有太多不同的 **year** 值，将无法把它们作为单独的类别来对待，而且在真正连续的数值变量的极端情况下，该变量的所有值可能都是唯一的。

- 组合一个因子(**premarital.sex**)的某些类别创建一个新因子(**premarital**)。组合因子类别非常有用，因为 **premarital.sex** 的水平之一"almost always wrong"只有相对较少的受访者选择。

可以通过选择"统计量"|"总结"|"频数分配…"菜单，在结果对话框中选择 **premarital** 来检查重新编码的变量的分布。然而，这里为了能够举一个绘制图形的例子，将说明如何构建一个分布的条形图。选择"绘图"|"条形图…"菜单将调出图 3.11 所示的对话框。Mac OS X 中的相同对话框如图 3.12 所示。

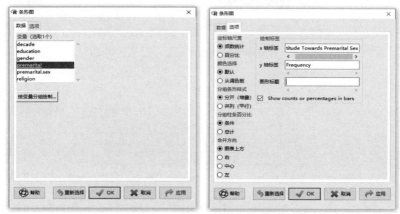

图 3.11　显示"**数据**"和"**选项**"选项卡的"条形图"对话框。由于 x 轴标签 **Attitude Towards Premarital Sex** 太长而无法完整显示，因此此标签下方的滚动条被激活

图 3.12　在 Mac OS X 下显示的"条形图"对话框(仅显示"数据"选项卡)

这样的 R Commander 对话框很常见，在"条形图"对话框中有两个选项卡，本例中为"数据"和"选项"。从"数据"选项卡的变量列表中选择 **premarital**。如果单击"按变量分组绘制…"按钮，将打开一个子对话框，允许选择一个分组因子并为每个组构建一个条形图。在"选项"选项卡的"x 轴标签"框中输入 **Attitude Towards Premarital Sex**，以替换自动生成的 x 轴标签。由于 x 轴标签

的内容比文本框长，因此标签下部的滚动条被激活。单击 OK 按钮将打开一个
带有条形图的图形设备窗口，如图 3.13 所示。

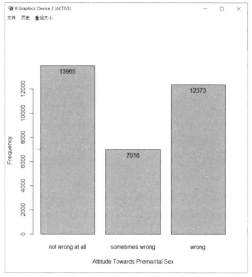

图 3.13　显示条形图的 R 图形设备窗口

注意：由于 R Commander 中文版的兼容性问题，为了"条形图"对话框能
正常工作，请在"y 轴标签"框中输入欲显示的名称(如这里的 **Frequency**)并将
"图形标题"框清空。

3.5　制作列联表

现在准备创建一个列联表，以检查因子 **decade** 与 **premarital** 之间的关系。
从 R Commander 菜单中，选择"统计量"|"列联表"|"双向表(Two-way table)..."，
打开如图 3.14 所示的对话框。在该图上方的对话框中显示的"数据"选项卡中，
分别为该表选择 **premarital** 作为行变量和 **decade** 作为列变量。对话框底部附近
的"子样本选取的条件"框可用于为完整数据集的子集创建表。例如，在此框
中输入 gender == "male"会将表限制为男性受访者。注意，双等号(==)用于

测试相等性以及要用引号把因子水平"male"括起来。[1]

　　图 3.14 下方的对话框显示了"统计量"选项卡。这里选"列百分比"单选按钮，因为列变量 **decade** 是解释变量（"自变量"），而 **premarital** 是行变量，是列联表中的反应变量（"因变量"）。一种标准惯例是计算解释变量的类别内的百分比，以便在这些类别之间进行比较。对话框中的默认值为"不显示百分比"。此外，将"独立性之卡方检验"框保持为默认选中状态。[2]单击 OK 按钮，将在 R Commander 的"输出"窗格中生成 R 命令和相关的输出。命令和输出如图 3.15 所示。

图 3.14　"双向表(Two-Way Table)"对话框中的"数据"选项卡(上)和"统计量"选项卡(下)

1　双等号(==)用于测试相等性，因为普通等号(=)在 R 中用于其他目的，尤其是为函数参数赋值(如 log(100, base = 10))或为变量赋值(如 x = 10)。大多数 R 程序员更喜欢将左箭头(<-)用于后一种目的(如 x <- 10，读作"变量 x 得到或被赋值为值10")。R 表达式包括关系式运算符(例如==)将在 4.4.2 节中讨论。

2　如果不熟悉双向表中的卡方独立性检验，也不要担心；读者几乎肯定会在统计入门课程中学到它。

```
> local({
+   .Table <- xtabs(~premarital+decade, data=GSS, subset=)
+   cat("\nFrequency table:\n")
+   print(.Table)
+   cat("\nColumn percentages:\n")
+   print(colPercents(.Table))
+   .Test <- chisq.test(.Table, correct=FALSE)
+   print(.Test)
+ })

Frequency table:
                  decade
premarital         1970s 1980s 1990s 2000s
  not wrong at all  2423  3348  3647  4547
  sometimes wrong   1692  1789  1797  1738
  wrong             3207  3017  3035  3114

Column percentages:
                  decade
premarital         1970s   1980s   1990s   2000s
  not wrong at all  33.1    41.1    43.0    48.4
  sometimes wrong   23.1    21.9    21.2    18.5
  wrong             43.8    37.0    35.8    33.1
  Total            100.0   100.0   100.0   100.0
  Count           7322.0  8154.0  8479.0  9399.0


        Pearson's Chi-squared test

data:  .Table
X-squared = 413.3, df = 6, p-value < 2.2e-16
```

图 3.15　显示 **premarital** 和 **decade** 关系的列联表

　　百分比表显示婚前性行为的不赞成率随着时间的流逝而下降，从卡方检验看，该表中的关系具有高度的统计学意义。信息输出中的卡方检验统计量的 p 值为 `p-value < 2.2e-16`，读作 $p<2.2×10^{-16}$，即小于 0.00000000000000022，相当于 0。对于像 R 这样的计算机软件来说，以这种格式报告非常大或非常小(如此处所示)的数字是很常见的，这称为科学记数法。

　　除了卡方检验和与其相关的统计信息(卡方成份和期望的频率)，"双向表"对话框中的"统计量"选项卡还包含一个选项，用于计算列联表中的 Fisher 精确性检验。

3.6　创建报告

　　前面已经解释过随着 R Commander 会话的进行，R 命令如何在"R 语法文

件"选项卡中累积。可以通过 R Commander 菜单("文件"|"保存语法文件..."
或者"文件"|"另存语法文件...")来编辑这些命令并将其保存在.R 文件中。同
样，在会话结束时，R Commander 提供了保存语法文件的功能(参见 3.8 节)。可
以在随后的 R Commander 会话中将保存的语法文件重新加载到"R 语法文件"
选项卡中，或者在独立于 R Commander 的 R 编辑器(如 RStudio)中使用它(1.4 节
中作了简要介绍)。

3.6.1　通过剪切和粘贴创建报告

"输出"窗格中的文本也是可编辑的，可以将"输出"窗格中的文本复制
并粘贴到文本编辑器或文字处理器文档中，以创建工作的简单记录，在此过程
中或许需要使用 R Commander 的"编辑"菜单。首先在"输出"窗格中选择需
要的内容，然后右击调出上下文菜单或使用标准的编辑键组合。[1]但是，如果采
用这种方式，请务必使用等距(打字机)字体(例如 Courier)，否则 R 输出将无法正
确对齐；也可以通过"文件"|"保存输出文件"或"文件"|"另存输出文件"
菜单将"输出"窗格中的文本保存到文件中。

可以类似地从 R 图形设备中保存图形(例如图 3.13 中的直方图)。在 Windows
中，可以将图形复制到剪贴板，然后粘贴到文字处理器文档中，或者保存到图
形文件中，之后导入文档。要保存图形，可使用 R 图形设备中的"文件"菜
单或右击调出上下文菜单。如果从 Windows R 图形设备激活"历史"|"记录"
菜单，则可以通过 Page Up 和 Page Down 键在图形设备中的图形之间滚动。

在 Mac OS X 上，R Commander 在 Quartz 图形设备窗口中创建图形。Quartz
图形设备也支持通过 command+C 组合键复制到剪贴板，并且可以通过"文件"|
"另存为"菜单将图形保存为 PDF 文件。复制到剪贴板的图形可以通过
command+V 粘贴到大多数 Mac 文字处理器中。类似地，通常可以将另存为 PDF
文件的图形导入文字处理器文档中。默认情况下，绘图历史记录保存在 Quartz
图形设备中，可以通过 command+←和 command+→组合键在图形之间来回移动。

---

[1] 在 Windows 或 Linux/UNIX 上，可以使用组合键 Ctrl+X 进行剪切，用 Ctrl+C 进行复制和用 Ctrl+V 进行粘贴。
在 Mac OS X 上，除各种控制键组合外，还可以使用 command+X 进行剪切，用 command+C 进行复制和用
command+V 进行粘贴。有关在 R Commander 中进行编辑的更多信息参见 3.7 节。

3.6.2 将报告创建为动态文档

除复制和粘贴 R 输出和图形的相对粗略的方法外，R Commander 还支持使用简单的 Markdown 标记语言编写报告。[1]正如在会话期间在"R 语法文件"选项卡中累积 R 命令一样，它们也会被写入 R Markdown 选项卡。与剪切和粘贴输出相比，使用 R Markdown 的优势在于，所创建的 R Markdown 文档是工作的永久性、可复制记录，将可执行的 R 命令(实质上是会话中 R 语法文件的内容)与解释性文本编排在一起。然后将生成的 R Markdown 文档编译成一个报告，其中包括 R 命令以及相关的信息输出和图形。我们还可以保存 R Markdown 选项卡的内容(通过"文件"|"保存 R Markdown 文件…"或"文件"|"另存 R Markdown 文件…"菜单)，以便在后续的 R Commander 会话或兼容的 R 编辑器(如 RStudio)中重新加载和重用(参见 1.4 节)。

R Markdown 选项卡以两个(可自定义的)R Markdown 模板之一开始，具体取决于是否已安装可选的辅助 Pandoc 软件。[2]如果已安装 Pandoc，则 R Commander 使用较新的 **rmarkdown** 包[3]将 R Markdown 文档转换为 Word 文件、HTML 文件(一个 Web 页面)或 PDF 文件(如果还安装了 LaTeX)。如果计算机上未安装 Pandoc，则 R Commander 使用较旧的 **markdown** 包[4]将 R Markdown 文档转换为 HTML 文件。这些可选的 R Commander 的 R Markdown 模板的初始内容如图 3.16 所示。

R Markdown 模板的两种形式都以 title、author 和 date 字段开头。很明显，应该用自己的描述性标题替换通用标题(Replace with Main Title)并用自己的姓名替换 Your Name。保留 date 字段(在这两个模板中，将自动生成日期和时间戳)，除非你想对日期进行硬编码。对于模板的 rmarkdown 版本，必须保留 title、author 和 date 文段中的那对引号。

其次，两个 R Markdown 模板都包含一个命令块，用于自定义文档和加载执行后续命令所需的包。这个命令块——在两个模板中都以```{r …}形式的一行开头并以```(即 3 个反引号)结尾——应该保持原样(除非知道如何去定制)。

除了少数例外(例如需要用户直接干预的 R 命令)，每次 R Commander 生成

---

1 R Commander 也支持以更复杂的 LaTeX 标记语言编写的报告，有关自定义 R Commander 的信息参见 3.9 节。
2 参见 2.5 节中有关安装可选软件的说明。

一个命令或一组命令时，它们都会被输入 R Markdown 选项卡的一个 R 命令块中，分别在顶部和底部以```{r}和```分隔。除了以下两种情况，一般不应该更改这些命令块(同样，除非知道如何去定制)。

- 可以随意删除整个命令块，包括初始的```{r}和终止的```，方法是直接编辑 R Markdown 选项卡中的文本或通过 R Commander 菜单"编辑"|"移除最近 Markdown 命令块"(它会删除由前面的 R Commander 操作生成的命令块)。例如，如果生成不正确或不需要的输出，可能就需要这样做。但应该小心，以确保删除命令块不会干扰 R 会话的逻辑：例如，不应删除读取数据集的块并保留对数据集执行计算的后续块。

- 可以通过将 **fig.height** 和 **fig.width** 参数添加到初始的```{r}行来控制在命令块中绘制的图形的大小。例如，```{r fig.height=4, fig.width=6}将图形高度设置为 4 英寸，宽度设置为 6 英寸。

```
---
title: "Replace with Main Title"
author: "Your Name"
date: "`r Sys.Date()`"  # Uses current date
---


```{r echo=FALSE, message=FALSE}
# include this code chunk as-is to set options
knitr::opts_chunk$set(comment=NA, prompt=TRUE)
library(Rcmdr)
library(car)
library(RcmdrMisc)
```
```

(a) rmarkdown 版本的模板(需要安装 Pandoc)

```
<!-- R Commander Markdown Template -->

Replace with Main Title
=======================

### Your Name

### `r as.character(Sys.Date())`

```{r echo=FALSE}
# include this code chunk as-is to set options
knitr::opts_chunk$set(comment=NA, prompt=TRUE,
          out.width=750, fig.height=8, fig.width=8)
library(Rcmdr)
library(car)
library(RcmdrMisc)
```
```

(b) markdown 版本的模板(在没有安装 Pandoc 的情况下)

图 3.16   R Commander 中使用的 R Markdown 模板

与在"R 语法文件"选项卡中一样，可以在 R Markdown 选项卡中对文本进行编辑，方式有直接输入、使用"编辑"菜单、使用右击打开的上下文菜单或使用标准的编辑键组合。但通常更方便的是，可以通过"编辑"|"编辑 R Markdown 文件"菜单打开编辑器窗口，具体方法为：在光标位于 R Markdown 选项卡中时右击并从上下文菜单中选择"编辑 R Markdown 文件"，或者把光标放入 R Markdown 选项卡中，使用组合键 Ctrl+E。[1]当前会话的 R Markdown 文档编辑器如图 3.17 所示。

图 3.17　R Markdown 编辑器窗口

R Markdown 编辑器包含"文件""编辑"和"帮助"菜单，其中"帮助"

1　在 Mac OS X 上，也可以使用 command+E 组合键。

菜单提供有关使用 R Markdown 和编辑器本身的帮助。编辑器的工具栏带有用于进行常规编辑操作的按钮(将鼠标悬停在按钮上方可查看工具提示，它描述每个按钮的相关操作)以及一个用于生成报告的按钮。R Markdown 编辑器窗口的底部有"帮助"、OK 和"取消"按钮。单击 OK 按钮将关闭编辑器，保存所作的编辑，而单击"取消"按钮则关闭该编辑器并放弃所作的编辑。该编辑器是一个"模态"对话框，即打开编辑器窗口时，R Commander 的操作被暂停。

可以在 R Commander 会话执行过程中定期编辑 R Markdown 文档，随时随地插入说明文字，也可以在会话结束时统一编辑文档。如果在会话期间或会话结束时保存 R Markdown 文档，该文件将另存为扩展名为.Rmd 的纯文本文档。具体步骤是通过 R Commander 主菜单中的"文件" | "保存 R Markdown 文件…"或者"文件" | "另存 R Markdown 文件…"。然后，可以在任何文本编辑器中对其进行编辑，包括 RStudio 编程编辑器(参见 1.4 节)。

但是，在编辑 R Markdown 文档时，应该非常小心，只在不同的 R 命令块之间输入文本。前面说过，每个命令块都由顶部的```{r}和底部的```分隔。如果在命令块的初始```{r}和结尾```之间输入任意文本，则当执行到块中的命令时，几乎不可避免地会造成 R 语法错误。

图 3.18 中显示了已编辑的当前会话的 R Markdown 文档。因为只是出于举例说明的目的，所以我使文档保持简短，只显示了其中的一部分。在实际的应用程序中，将包含更多的描述性和解释性文本。

单击编辑器中的"生成报告"按钮，将弹出图 3.19 所示的对话框；或者在 R Commander 主窗口中，如果未打开编辑器而选择保存 R Markdown 文档，也将弹出该对话框。如果计算机上未安装 Pandoc，[1]按"生成报告"按钮将只创建一个 HTML 格式的报告，而不会出现图 3.19 所示的对话框。这里选择".html(网页)"格式，然后单击 OK 按钮。这将使得 R Markdown 文档被编译，包括在独立的 R 会话中运行各个代码块中嵌入的 R 命令。生成的.html 文件在默认的 Web 浏览器中打开，如图 3.20 所示。

1　有关安装 Pandoc 的信息参见 2.5 节。

```
---
title: "Contingency Table Example from Ch. 1"
author: "Neil Ma"
date: "`r Sys.Date()`"  # Uses current date
---


```{r echo=FALSE, message=FALSE}
# include this code chunk as-is to set options
knitr::opts_chunk$set(comment=NA, prompt=TRUE)
library(Rcmdr)
library(car)
library(RcmdrMisc)
```

Reading and Summarizing the GSS data

```{r}
GSS <- read.table("C:/Book/data/GSS.csv", header=TRUE,
stringsAsFactors=TRUE, sep=",", na.strings="NA", dec=".", strip.white=TRUE)
```

```{r}
summary(GSS)
```

. . .

Constructing the Contingency Table

Cross-classifying attitude towards premarital sex by decade.
Because the explanatory variable is decade, the *column* variable,
I computed *column* percentages.

```{r}
local({
.Table <- xtabs(~premarital+decade, data=GSS, subset=)
cat("\nFrequency table:\n")
print(.Table)
cat("\nColumn percentages:\n")
print(colPercents(.Table))
.Test <- chisq.test(.Table, correct=FALSE)
print(.Test)
})
```

As the decades progress, disapproval of premarital sex declines.
The relationship between the two variables is highly statistically
significant, with chi-square = 43.3, $df = 4$, $p < 2.2 \times 10^{-16}$.
```

图 3.18　第 3 章中作为示例的经过编辑的 R Markdown 文档,仅显示文档的一部分(省略部分标记为...)

图 3.19　用于从 R Commander 的 R Markdown 文档创建报告的"选择输出格式"对话框

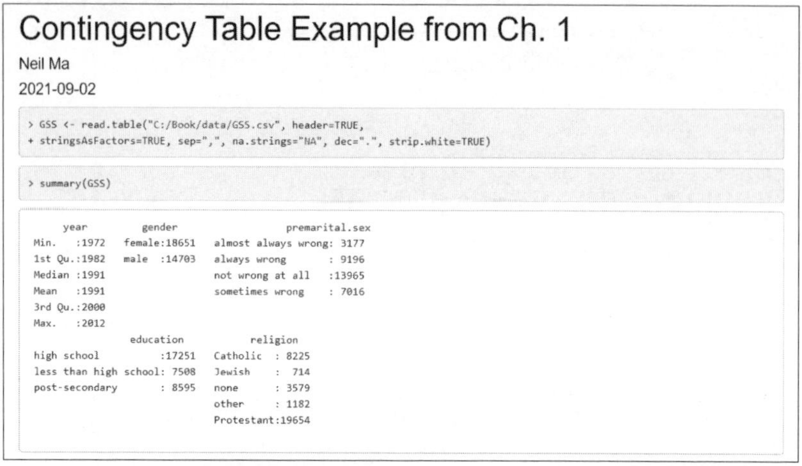

Contingency Table Example from Ch. 1

Neil Ma

2021-09-02

```
> GSS <- read.table("C:/Book/data/GSS.csv", header=TRUE,
+ stringsAsFactors=TRUE, sep=",", na.strings="NA", dec=".", strip.white=TRUE)
```

```
> summary(GSS)
```

```
      year              gender                    premarital.sex
 Min.   :1972    female:18651    almost always wrong: 3177
 1st Qu.:1982    male  :14703    always wrong       : 9196
 Median :1991                    not wrong at all   :13965
 Mean   :1991                    sometimes wrong    : 7016
 3rd Qu.:2000
 Max.   :2012
                    education              religion
 high school            :17251    Catholic  : 8225
 less than high school: 7508    Jewish    :  714
 post-secondary        : 8595    none      : 3579
                                 other     : 1182
                                 Protestant:19654
```

图 3.20　在 Web 浏览器中显示的已编译 HTML 报告，此处仅显示页面的上面部分

1. 使用 Markdown：基础知识

Markdown 是一种简单的文本标记语言。R Markdown 是 Markdown 的扩展，正如已经解释的，它可以容纳嵌入式的可执行 R 命令。存储在.Rmd 类型的文件中的 R Markdown 文档被编译成.md 类型的相应标准 Markdown 文件，其中包含 R 输入和输出(包括图形)。接着，该 Markdown 文档又以几种格式之一被编译成一个最终的排版报告，例如 HTML 网页(即.html 类型的文件)。生成报告时，R Commander 会自动管理编译过程。

尽管 Markdown 规范非常简单，但它也非常灵活和功能强大。正如人们戏称的"儿童编程语言"LOGO[37]一样，Markdown 的门槛较低，但上限较高。但是，这里不必担心 R Markdown 的基本用法，读者将跨过低门槛。如果想要深入学习，可从 http://rmarkdown.rstudio.com/在线获得更多信息，该网站可通过 R Commander 的"帮助"菜单进行访问。

基本的 Markdown 语法如图 3.21 所示，旁边是相应的排版后的 HTML 显示文档。在当前 R Commander 会话的 R Markdown 文档中使用了一些基本的 Markdown 语法(见图 3.18)。

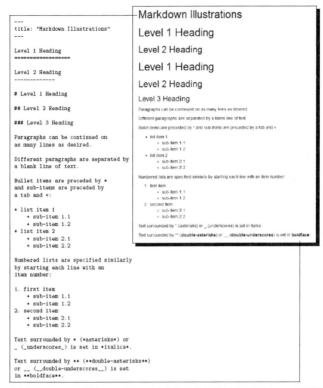

图 3.21　基本的 Markdown 语法。Markdown 文件显示在左侧，而相应的 HTML 页面显示在右侧

2. 在 R Markdown 文档中使用 LaTeX 数学*

图 3.18 中文档的最后一行还演示了如何在 R Markdown 文档中嵌入 LaTeX 数学。尽管 LaTeX 的详细信息已超出本节的范围，但是简单的 LaTeX 数学还是相当易懂的。[1]

内联 LaTeX 数学用美元符号($...$)括起来。在示例文档中，将嵌入式数学 `$df = 4$`，`$p <2.2 \times 10^{-16}$`排版显示为 $df = 4$，$p < 2.2 \times 10^{-16}$。

---

[1] 如果对本主题感兴趣，那么一个关于 LaTeX 的不错的起点是 Wikipedia 文章，网址为 https://en.wikipedia.org/wiki/LaTeX，其中包括一些有用的链接和参考。

同样，可以使用双美元符号($$)指定显示的方程式。例如

```
$$
y_i = \beta_0 + \beta_1 x_{1i} + \cdots + \beta_k x_{ki} + \epsilon_i
$$
```

将被排版显示为以下方程式。

$$y_i = \beta_0 + \beta_1 x_{1i} + \cdots + \beta_k x_{ki} + \varepsilon_i$$

这些简单的 LaTeX 示例说明了如何对下标使用下画线，例如 y_i 和 x_{1i}(其中花括号{和}用于分组)，以及对上标使用插入符号，例如在 10^{-16}中。希腊字母标记为\beta(β)、\epsilon(ε)，以此类推。LaTeX 符号\cdots 被排版为 3 个居中的点($\cdots$)。

3.7   编辑命令*

我们可以将 R Commander 的"R 语法文件"选项卡视为简单的编程编辑器。正如前面所解释的，随着交互式 R Commander 会话的运行，由 R Commander GUI 生成的命令会累积在"R 语法文件"选项卡中。可以将生成的命令保存到一个.R 文件中，以便在后续会话中重新加载到 R Commander 中，或者重新加载到另一个 R 编程编辑器如 RStudio 中(已在 1.4 节中讨论)，以进行修改或重新执行。

我们也可以直接在 R Commander 的"R 语法文件"选项卡中输入 R 命令或修改之前由 GUI 生成的命令。"R 语法文件"选项卡不是功能齐全的编程编辑器，但它支持基本的编辑功能，例如通过自我解释的右击上下文菜单(如图 3.22 左侧所示)进行剪切、复制、粘贴、撤销等操作。它还支持 R Commander 的"编辑"菜单和标准按键组合(表 3.2 中列出了可用的按键列表)。

表 3.2   R Commander 的编辑键列表

按键组合	作用
Ctrl+X	把选定内容剪切到剪贴板
Ctrl+C	把选定内容复制到剪贴板
Ctrl+V	从剪贴板粘贴选定的内容

(续表)

按键组合	作用
Ctrl+Z 或 Alt+Backspace	撤销上一个操作(可以重复)
Ctrl+W	重做上一个操作
Ctrl+F 或 F3	打开查找文本对话框
Ctrl+A	选择所有文本
Ctrl+S	保存文件
Ctrl+R 或 Ctrl+Tab	运行当前命令行或选定的命令行(仅限于"R 语法文件"选项卡)
Ctrl+E	打开文档编辑器(仅限于 R Markdown 选项卡)

注：除非另有说明，否则这些按键组合适用于"R 语法文件"和 R Markdown 选项卡以及"输出"和"信息"窗格。在 Mac OS X 上，可以使用 command 键或 control 键。在带有功能键的键盘上，F3 功能键可以用作 Ctrl+F 的替代键。

图 3.22　"R 语法文件"选项卡的右击上下文菜单(左)和 R Markdown 选项卡的右击上下文菜单(右)

为提供简单的 R 命令编辑示例，这里将返回为 **GSS** 数据集中针对婚前性行为的态度构建的条形图，如图 3.13 所示。该图是由如下 R 命令创建的。

```
With(GSS, Barplot(premarital, xlab="Attitude Towards Premarital Sex",
    ylab="Frequency"))
```

该命令与当前 R Commander 会话期间生成的其他命令一起将显示在"R 语法文件"选项卡中。通常，R 中的计算是由函数执行的，这些函数按名称调用，其参数放在括号中。这些参数可以按位置给定；也可以按参数名给定，即每个命名的参数与一个值用等号(=)关联。在此示例中，调用了两个函数：**with** 和 **Barplot**。

- **with** 函数带有两个参数，这里都按位置指定：第一个参数是数据集，在示例中为 **GSS**；第二个参数是一个引用数据集中变量的表达式，这里是对 **Barplot** 函数的调用。

- 使用 3 个参数调用 **Barplot** 函数，第一个参数按位置指定，另两个参数按名称指定：**premarital** 是 **GSS** 数据集中用于条形图的变量；参数 xlab 和 ylab 是指定水平和垂直轴标签的字符串(用引号引起来)。

要查看 **Barplot** 函数的参数的完整列表，可再次从 R Commander 菜单中选择"绘图"|"条形图..."，然后在出现的对话框中单击"帮助"按钮。除了对其参数的说明，还将看到 **Barplot** 函数调用 **barplot** 函数(小写的 b 开头)来绘制图形。[1]单击 **barplot** 的超链接将弹出该函数的帮助页面。

barplot 函数有一个可选参数 horiz，如果将其设置为 TRUE，则它将水平而不是垂直绘制条形图。但是，R Commander 的"条形图"对话框没有提供这个选项。

要绘制关于婚前性行为态度的水平条形图，可在"R 语法文件"选项卡中按住鼠标左键并拖动，以选择最初的 **Barplot** 命令，通过 Ctrl+C 复制此文本并通过 Ctrl+V 粘贴在语法文件的底部。[2]然后，编辑命令以绘制水平条形图。

```
with(GSS, Barplot(premarital, ylab="Attitude Towards PremaritalSex",
    xlab="Frequency", horiz=TRUE))
box()
```

除了设置 horiz=TRUE，还交换 xlab 和 ylab 参数的值，以便正确标记坐标轴；然后添加第二个命令，即对 **box** 函数的调用(没有参数[3])，以便给条形图绘制一个边框。用鼠标选择这些命令，然后按"运行"按钮，修改后的水平条形图如图 3.23 所示。

这是 R Commander 的"R 语法文件"选项卡的局限性，即必须提交完整的命令：命令可以根据需要跨越多行，并且可以同时提交多条完整的命令(如本例中所做的那样)，但是只提交完整命令的其中一部分会导致错误。此外，从"R 语法文件"选项卡以这种方式执行的一条或多条命令还会输入 R Markdown 选项卡的文档中。

自动合并到 R Markdown 选项卡中的 R 命令块(在 3.6 节中讨论过)可以类似

1　**Barplot** 函数位于 **RcmdrMisc** 包(该包在 R Commander 启动时已加载)中，而 **barplot** 函数位于 **graphics** 包(这是 R 的标准部分)中。

2　或者，可以在原位置编辑原始命令，然后重新提交以执行，但是通过复制命令保留了这两个版本。

3　即使 **box()** 命令没有参数，也仍然需要包括括号，这样 R 知道这是一个函数调用。

地修改。此外，如果对 R 有一定的了解，则可以在此编写自己的 R 命令块。但是，重要的是要注意命令的顺序：例如，在输入数据之前，不能在计算中使用该数据集。

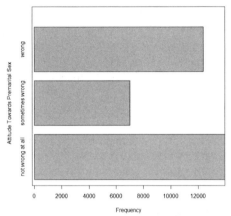

图 3.23　**GSS** 数据集中对婚前性行为态度的水平条形图。通过修改由 R Commander 的"条形图"对话框产生的 **Barplot** 命令来创建此图

3.8　终止 R Commander 会话

大多数情况下，关闭 R Commander 会话的最简单、最安全的方法是：在菜单中选择"文件"|"退出"|"同时退出 Commander 与 R"。除了关闭 R Commander 窗口，还将结束 R 会话而不保存 R 工作空间。退出时，R Commander 将提供保存"R 语法文件"选项卡、R Markdown 选项卡以及"输出"窗格中内容的机会。

你也可以在不终止 R 会话的情况下退出 R Commander，方法是在菜单中选择"文件"|"退出"|"只退出 Commander"。同样，R Commander 会提示保存现有工作。随后，可以通过 Windows 上的"文件"|"退出"菜单或 Mac OS X 上的"文件"|"关闭"菜单，从 R 控制台退出。

从 R 控制台退出时，R 会询问是否要保存工作空间，保存工作空间是默认设置。应该确保不保存工作空间。保存的工作空间将在下次 R 会话执行时自动重新加载，因而可能会导致 R Commander 无法正常运行。[1]

如果从 R Commander 退出而不关闭 R，则可以通过在 R 的命令提示符 > 下输入 Commander() 来重新启动 R Commander 界面。重要的是，将 Commander() 拼写为带大写 C 并包括括号。以这种方式重新启动 R Commander 会启动一个全新的会话，先前的工作不会出现在 "R 语法文件" 选项卡、R Markdown 选项卡或 "输出" 窗格中。但是，如果在退出 R Commander 之前保存了语法文件或 R Markdown 文档，则可以通过 R Commander 的 "文件" 菜单重新加载这些文档。

最后，可以通过直接关闭 R 控制台来退出 R 和 R Commander。但我不建议这么做，因为这样将没有机会在 R Commander 中保存现有工作。

3.9　自定义 R Commander*

R Commander 的默认配置适合大多数用户，但可以在某些方面自定义软件外观和行为以反映自己的偏好和需求。R Commander 的特定功能是通过 R 的 **options** 命令设置的，可以保存以使它们在 R Commander 会话间保持不变。

3.9.1　使用 "Commander 选项" 对话框

设置许多 R Commander 选项的最便捷方法是通过 "工具" | "选项..." 菜单，这将调用如图 3.24 所示的对话框。此对话框中的几个选项卡都显示默认选择，其中某些选项因操作系统不同而异：例如，"其他选项" 选项卡中的默认主题在 Windows 上为 **vista**，在 Mac OS X 上为 **clearlooks**。

---

[1] 如果存在因无意间保存了工作空间而引起的问题，则可以按照第 2 章中的故障排除说明，删除包含已保存的工作空间的 **.RData** 文件。

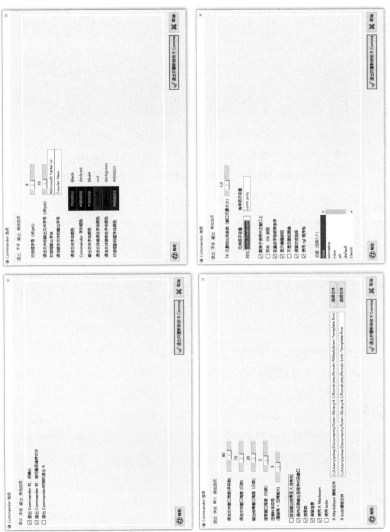

图 3.24　带有"退出""字体""输出"和"其他选项"选项卡的"Commander 选项"对话框

"Commander 选项"对话框中的大多数设置都带有解释说明，可以试验这些设置以查看其对 R Commander 的影响。这里按顺序给出了一些选项的用法介绍。

- 单击"字体"选项卡中的文本颜色选择按钮之一将显示一个颜色选择子对话框(参见 3.9.3 节中有关颜色的讨论)。

- 进行数据投影仪演示时，为了在屏幕上显示 R Commander，通常在"字体"选项卡中将"对话框字号"大小设置为 14 点，将"语法文件和输出文件字号"大小设置为 15 点。可以此为起点，进行其他尝试。

- 如果要使用 LaTeX 创建报告(参见 3.6 节)，可在"输出"窗格中选中"使用 knitr"复选框。除非希望同时创建 LaTeX 和 Markdown 文档，否则可能还要取消选中"使用 R Markdown"复选框。有关将 **knitr** 程序包与 LaTeX 结合使用的信息，可查看参考文献[49]和 http://yihui.name/knitr/。

- 可以从 **Rcmdr** 程序包提供的文档模板开始，准备自己的 R Markdown 或 knitr LaTeX 模板，并将其放置在文件系统上的任何位置，然后在"输出"选项卡中指明存储路径。

- 如果无法为 3D 动态图安装 **rgl** 程序包(参见 5.4.1 节)，则可以取消选中"其他选项"选项卡中的"使用 rgl 程序包"复选框。

- 如 7.2.4 节所述，R Commander 对线性模型公式中的无序因子变量使用 **contr.Treatment** 函数创建的虚拟代码对比，对有序因子变量使用 **contr.poly** 函数创建的正交多项式对比。可以在"其他选项"选项卡中更改这些设置。

- 默认情况下，R Commander 在变量列表框中按字母顺序对变量进行排序。如果希望保留变量在使用中数据集当中显示的顺序，可在"其他选项"选项卡中取消选中"变量依字母顺序排序"复选框。

3.9.2　设置 **Rcmdr** 程序包选项

R Commander 选项(包括那些通过"Commander 选项"对话框选择的选项)是用 R 的 **options** 命令设置的。除了可通过对话框访问的选项，还有许多可用选项，可以直接在 R 命令提示符下调用 **options** 命令来设定它们。该命令的一般格式为 `options(Rcmdr=list(`*`option.1=setting.1, option.2`*

=setting.2, ..., option.n =setting.n))。

例如，为防止 R Commander 在启动时检查是否安装了所有推荐的包并导致 R Commander 启动时加载 **RcmdrPlugin.survival** 包，[1]在通过 library(Rcmdr) 加载 **Rcmdr** 包之前，输入 options(Rcmdr=list(check. packages= FALSE, plugins="RcmdrPlugin.survival"))。

要查看所有可用选项，可在 R 命令提示符下输入 help("Commander", package="Rcmdr") 或从 R Commander 菜单中选择"帮助" | "Commander 说明"。

3.9.3　在 R Commander 中管理颜色

R Commander 使用的许多图形功能都使用 R 调色板进行颜色选择。可以通过从 R Commander 菜单中选择"绘图" | "调色板..."来设定调色板，图 3.25 的上部显示当前初始的调色板。通常，调色板中的第一种颜色(默认调色板中为黑色)用于大多数图形元素，其余颜色则依次使用。例如，对于红绿色盲，则可能希望更改默认颜色。

现在，单击第二个(indianred3)按钮，将弹出图 3.25 下部所示的 Select a Color 子对话框。该对话框的结构因操作系统而异，但其用法简单直接。在 Windows 版本的对话框中(如图 3.25 所示)，可以通过在其上单击鼠标左键选择一个基本颜色，然后通过以下方法选择颜色：单击颜色选择框或移动右侧的滑块，通过色相、饱和度和亮度定义颜色；或者通过其红色、绿色和蓝色三原色的强度(0～255)来定义颜色。

R 维护着一个超过 650 种命名颜色的列表。如果选择的颜色接近命名的颜色，则该名称将显示在"设定调色盘"对话框中的颜色按钮下方。如图 3.25 所示，默认调色板中的 8 种颜色都有其名称。

1　有关 R Commander 插件包的讨论参见第 9 章。

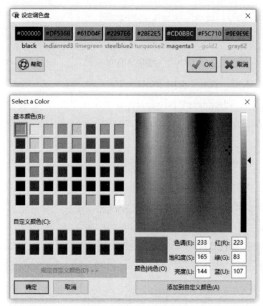

图 3.25　"设定调色盘"对话框(上)和 Windows 版本的 Select a Color 子对话框(下)

3.9.4　保存 R Commander 选项

R 的启动过程非常复杂，需要使用多个配置文件。[1]不过，想要自定义 R Commander 的用户可以进行所需的具体操作。不管是在"Commander 选项"对话框中进行选择或直接使用 R 的 **options** 命令来配置 R Commander，若想保存所作的设置，只需要从 R Commander 菜单中选择"工具"|"Rcmdr 储存选项"，将产生如图 3.26 所示的对话框。在选择此菜单之前，将 R Commander 对话框字号的大小更改为 14 点，并将语法文件和输出文件字号的大小更改为 15 点。

图 3.26 中的"保存 Commander 选项"对话框是一个简单的文本编辑器。该对话框在主目录中创建 R 配置文件**.Rprofile**，下次启动 R 时将在该目录中看到该文件。如果主目录中已经有一个**.Rprofile** 文件，则该对话框将使用当前的 R Commander 选项对其进行修改。所有配置参数都位于文件中代码行###！

1　在 R 控制台的命令提示符处输入命令?Startup，以获取有关 R 的启动过程的说明。

Rcmdr Options Begin !###和###! Rcmdr Options End !###之间。

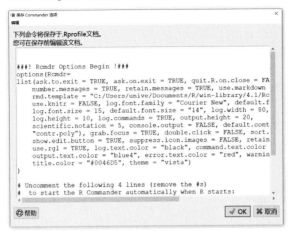

图 3.26　R Commander 的"保存 Commander 选项"编辑器。该对话框会在主目录中编辑或创建.**Rprofile** 文件

接近配置文本块的底部有一个命令，可以通过删除命令前的注释符号#来"取消注释"，以在 R 启动时自动启动 R Commander。

```
#  Uncomment the following 4 lines (remove the #s)
#  to start the R Commander automatically when R starts:

#  local({
#      old <- getOption('defaultPackages')
#      options(defaultPackages  = c(old,  'Rcmdr'))
#  })
```

在配置文件.**Rprofile** 中，已经存在的任何其他内容都不会被修改。

第4章
数据输入与数据管理

本章介绍如何从各种来源将数据导入 R Commander 中，还将解释如何从 R Commander 保存和导出 R 数据集，以及如何修改数据。

4.1　数据管理概述

管理数据是一个固然枯燥但至关重要的话题。正如经验丰富的研究人员所证明的那样，与分析数据相比，收集、汇总和准备用于分析的数据通常要花费更多的时间。尽早进行数据管理很有意义，因为在执行统计分析之前，始终必须先读取数据，并且通常必须对其进行修改。我建议你在开始工作之前，尽量阅读本章更多的内容；或者至少要熟悉本章内容的分布，以便在特定数据管理问题出现时，知道在哪里找到相关的内容。

坦率地说，诸如 R Commander 的图形界面并不是最好的数据管理工具。即使是常见的数据管理任务也非常多样化，并且数据集通常具有需要定制处理的独特性质。相比之下，GUI 擅长执行的任务中选择是有限的并且是可以预期的。

作为一种灵活的编程语言，R 非常适合于数据管理任务，并且有许多 R 程序包可以帮助完成这些任务。通常，最直接的解决方案是编写 R 命令的脚本或简单的 R 程序以准备要分析的数据集。数据管理脚本或程序不需要编写得多么精巧或效率多么高，但它必须具有正确的工作逻辑，因为它通常只会被使用一次。即使数据管理脚本需要花费几分钟运行，那也只是在准备和分析数据上花费的一小部分时间而已。因此，即使选择使用 R Commander 进行常规数据分析任务，也要学习一些 R 编程知识(参见 1.4 节)，它可以让你在成为更高效的数据分析人员之路上走得更远。

4.2 数据输入

第 3 章中曾介绍过，R Commander 中的数据集存储在 R 数据框中——数据框是一个矩形数据集，其中行代表案例，而列通常是数值变量或因子(分类变量)。有很多方法可以将数据读入 R Commander(下文将介绍其中的几种方法)，包括直接在键盘上将数据输入 R Commander 数据编辑器、从纯文本文件中读取数据、从其他软件(包括 Excel 等电子表格)导入数据，以及访问存储在 R 包中的数据集。

纯文本或电子表格数据必须为简单的矩形格式，即每行是一个案例，每列或字段是一个变量。可能会有一个带有变量名的初始行，或者一个带有案例名的初始列，又或者两者都有。如果数据是不规则的或其他更复杂的格式，则极有可能在将其读入 R Commander 之前，必须做一些准备工作。不过，R Commander 可以处理具有相同变量或案例的单独数据集的简单合并(参见 4.5 节)。

4.2.1 在 R Commander 数据编辑器中输入数据

在 R Commander 中输入小型数据集的一种方法是使用编辑器或电子表格将数据输入纯文本文件，然后使用 4.2.2 节或 4.2.3 节中描述的输入方法。一般是将小型数据集保存在纯文本文件中。

另外，直接在 R Commander 数据编辑器中输入小型数据集也很简单。为说明这一点，这里将输入一个来自入门级统计教科书[34]中的练习的数据集。[1]这个数据集给出了针对 12 位女性的节食研究数据，其中包含两个数值变量：每位

---

1 这是基础统计教科书的较新版本，因为我的目的是涵盖书中描述的所有方法。正如第 1 章中提到的那样，R Commander 后来扩大了范围。

女性的去脂体重(以千克为单位)和休息时的新陈代谢率(以每小时燃烧的卡路里为单位)。

首先从 R Commander 菜单中选择"数据"|"新数据集..."。[1]弹出"开新数据集"对话框,如图 4.1 左上方所示。将默认数据集名称 **Dataset** 替换为更具描述性的名称 **Metabolism**。单击 OK 按钮,在 R Commander 数据编辑器中打开一个空白数据集,如图 4.1 右上方所示。数据集中最初只有一个案例(行)和一个变量(列)。

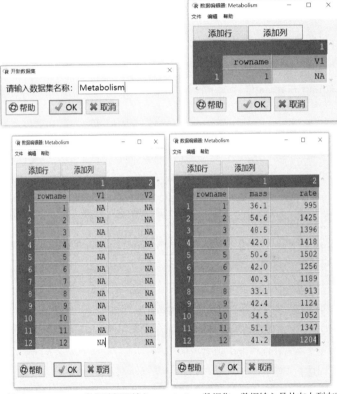

图 4.1　使用 R Commander 数据编辑器输入 **Metabolism** 数据集,数据输入是从左上到右下的顺序

1　本书每章中的 R Commander 会话均是独立的,与前面章节没有关联;如果你跟着做本书的练习,请为每章重新启动 R 和 R Commander。

单击"添加列"按钮一次并单击"添加行"按钮 11 次将生成如图 4.1 左下方所示的仍然为空的数据集，而数据表中的所有值最初都将是"空"(NA)。也可以在表中的任意位置按下回车键来在数据集的底部添加新行，或者按下 Tab 键在数据的右侧添加新列。使用这些键而不是按钮可以方便地进行初始数据输入：在第一行输入数字时使用 Tab 键增加所有变量所需的列，然后在完成输入每一行后使用回车键。

接下来，将通用变量名称 **V1** 和 **V2** 替换为 **mass** 和 **rate**，然后将前述示例数据集中给出的每个变量的值输入数据表的单元格中，如图 4.1 右下方所示。完成后，单击编辑器中的 OK 按钮，使 **Metabolism** 成为使用中的数据集。

要查看变量是否相关以及如何相关，建议通过"绘图" | "散点图…"菜单使用数据绘制散点图，水平轴为去脂体重，垂直轴为新陈代谢率。如果愿意，还可以对 **rate** 和 **mass** 进行线性最小二乘回归(通过"统计量" | "拟合模型" | "线性回归…"菜单)。[1]

以下是有关使用 R Commander 数据编辑器直接输入数据的更多信息。

- 在此数据集中，行名只是编辑器提供的数字，但也可以在数据编辑器的 rowname 列中输入具体名称。然而，如果要这样做，请确保每个名称都是唯一的(即没有重复的名称)，并且任何中间带有空格的名称都用引号引起来(如"John Smith")；或者需要去掉空格(JohnSmith)，又或者使用点号、短横线或其他字符把名称连起来(如 John.Smith、John-Smith)。

- 可以使用键盘上的箭头键在数据编辑器的单元格中移动或在任何单元格中单击鼠标左键。这样做时，输入的文本将替换单元格中当前的原始内容，如默认变量名、行号和数据表表体中的 NA 值。

- 如果输入数据编辑器中的一列完全由数字组成，则它将成为数值变量。相反，包含任何非数值数据(缺失数据标示符号 NA 除外)的列将成为一个因子。带有空格的字符数据必须用引号括起来(如"agree strongly")。

---

1 有关在 R Commander 中绘制散点图的更多信息参见 5.4.1 节，有关最小二乘回归的内容参见 7.1 节。

- 如果数据编辑器单元格的初始列宽不足以包含变量名、行名或数据值，则该单元格将无法正确显示。单击数据编辑器的左边界或右边界，然后拖动边界，直到所有单元格的宽度足以容纳其内容为止。如果数据编辑器窗口的宽度(或高度)不足以同时显示数据集的所有列(或行)，则将激活水平(或垂直)滚动条。
- 数据编辑器中的"编辑"菜单支持许多操作(例如删除行或列)，并且"帮助"菜单提供了有关使用编辑器的信息的访问入口。
- 数据编辑器是一个模态对话框，即在单击编辑器中的 OK 按钮或"取消"按钮之前，与 R Commander 的交互将被暂停。
- 以这种方式输入数据集后，与往常一样，最好是单击 R Commander 工具栏中的"查看数据集"按钮来确认所有输入的数据都是正确的。

也可以使用 R Commander 数据编辑器来修改现有数据集，例如修正不正确的数据值：单击 R Commander 工具栏中的"编辑数据集"按钮以编辑使用中的数据集。

4.2.2　从纯文本文件中读取数据

3.3 节中演示了如何从纯文本、逗号分隔值(CSV)数据文件中将数据读入 R Commander。概括地说，CSV 文件中的每一行都代表数据集中的一个案例，并且所有行都有相同数量的列并用逗号分隔。每行中的第一个值可以是案例名称，数据文件的第一行可以包含变量名，也用逗号分隔。如果数据中同时包含案例名称和变量名称，则第一行中的变量名称将比后续行中的值少一个；否则，文件中的每一行必须具有相同数量的列(值)。输入 R 时，空白字段(即由相邻逗号产生的空白字段)或仅包含空格的字段将转换为缺失数据(NA)。

CSV 文件是数据存储的一种最常用的格式。几乎所有处理矩形数据集的软件(包括 Excel 等电子表格程序和 SPSS 等统计软件)都能够读取和写入 CSV 文件。因此，CSV 文件通常是用于将数据从一个程序移动到另一个程序的最简单的文件格式。

在将数据读入 R Commander 之前，可能需要对另一个程序生成的 CSV 文件进行少量的编辑，例如可能会发现将缺失数据更改为 NA[1]比较方便，而且这些操作通常在任何文本编辑器中都非常简单。但是，请务必使用用于纯文本(ASCII)文件的编辑器。[2]字处理器(例如 Word)将文档存储在包含格式信息的特殊文件中，并且这些文件通常不能作为纯文本读取。如果必须在文字处理器中编辑数据文件，请注意将文件另存为纯文本。

CSV 文件的优点在于，字符数据字段可以包含嵌入的空格(例如 strongly agree)，而不必将字段用引号括起来("strongly agree"或'strongly agree')。但是，包含逗号的字段必须括起来(例如"don't know, refused")。另外，包含单引号(')或双引号(")的字段必须用另一种引号括起来(例如"don't know, refused")。

R Commander 的"读取文本文件、剪贴板或 URL 文件"对话框还支持从纯文本文件中读取数据，这些纯文本文件的字段由空格(一个或多个)、制表符或任意字符(例如冒号或分号)分隔。[3]不仅如此，数据文件可以存储在 Internet 上，而不只是在用户的计算机上，或者可以复制到剪贴板或从剪贴板中读取(参见 4.2.3 节)。

图 4.2 显示了一个小型说明性文本数据文件 **Duncan.txt** 的几行并用空格分隔了数据字段。这里为了使字段值垂直排列而填充了多个空格，但这不是必需的，一个空格已足够分隔相邻的数据值。案例名称中使用了句点而不是空格(例如 **mail.carrier**)，这样名称就无须用引号括起来；类似地还可以使用逗号和短横线(-)。[4]

1　"读取文本文件、剪贴板或 URL 文件"对话框可以指定不同于 NA(这是默认设置)的缺失数据指示符号，但它不会接纳不同变量有不同的缺失数据代码或单个变量使用多个缺失数据代码。这些情况下，可以在读取数据后使用"数据"|"管理使用中数据集的变量"|"变量重新编码…"(参见 3.4 和 4.4.1 节)将其他代码重定义为缺失数据代码；或者根据建议的那样，在读入 R Commander 之前先编辑数据文件，将所有缺失数据代码更改为 NA 或其他常用值。
2　有许多纯文本编辑器可用。Windows 系统带有记事本编辑器，而 Mac OS X 带有 TextEdit。如果在 Mac OS X 上的 TextEdit 中输入数据，请确保在保存之前通过"格式"|"制作纯文本"将数据文件转换为纯文本。 R 的 RStudio 编程编辑器(在 1.4 节中讨论)也可用于编辑纯文本数据文件。
3　采用其他字段定界符的 CSV 文件和数据文件都是纯文本文件。传统上，文件类型(或扩展名).csv 用于逗号分隔的数据文件，而文件类型.txt 用于其他纯文本数据文件。
4　如 1.5 节所述，可以从本书英文网站上下载本章中使用的 **Duncan.txt** 和其他文件。

```
                      type              income education prestige
accountant            prof,tech,manag      62    86       82
pilot                 prof,tech,manag      72    76       83
architect             prof,tech,manag      75    92       90
. . .
bookkeeper            white-collar         29    72       39
mail.carrier          white-collar         48    55       34
insurance.agent       white-collar         55    71       41
janitor               blue-collar           7    20        8
policeman             blue-collar          34    47       41
waiter                blue-collar           8    32       10
```

图 4.2　**Duncan.txt** 文件(这里仅展示了文件 46 行中的几行, 省略号代表被省略的行)

有关 1950 年美国 45 种职业的数据主要来自参考文献[13], 变量 **type** 是为本书的目的而加入数据集中的。变量在表 4.1 中定义。**income** 和 **education** 数据由文献作者 Duncan 从美国人口普查中获得, 而 **prestige** 数据则来自通过对人口进行社会调查得出的职业等级。Duncan 使用 **prestige** 对于 **income** 和 **education** 的最小二乘线性回归来计算人口普查中大多数没有直接声望评级的职业的预测声望分数。[1]

表 4.1　Duncan 的职业声望数据集中的变量

变量	值
type	blue-collar、white-collar 或 prof,tech,manag
income	收入 3500 美元及以上的本行业在职人员的百分比
education	具有高中及以上文化程度的本行业在职人员的百分比
prestige	声望等级为 "好" 及以上的百分比

在 R Commander 中读取以空格分隔的纯文本数据文件几乎与读取逗号分隔的文件相同, 方法是从 R Commander 菜单中选择 "数据" | "导入数据" | "导入文本文件、剪贴板或 URL 文件..."。填写出现的对话框(见图 3.4)以对应输入文件的结构和位置。在 **Duncan.txt** 例子中, 将采用所有默认值(包括默认的空格字段分隔符), 但数据集名称除外, 我将使用描述性名称(如 **Duncan**)替换默认的名称 **Dataset**。

4.2.3　从电子表格和其他来源导入数据

许多研究人员在电子表格文件中录入、存储和共享小型数据集。为说明这一点, 这里准备了两个 Excel 文件(较旧格式的文件 **Datasets.xls** 和较新格式的文件

1　邓肯创建的职业声望回归在某种程度上引起了人们的兴趣, 因为它代表了社会学中最小二乘回归的相对较早的使用, 并且他的方法学仍被用于构建职业的社会经济地位等级表。有关此回归的更多讨论可参见作者的一本著作[24]。

Datasets.xlsx)。它们包含两个数据集：Duncan 编纂的美国职业声望数据集以及由 Fox 和 Suschnigg 编纂的加拿大 1970 年左右的类似数据集[28]。加拿大职业声望数据包括了表 4.2 中的变量，并且包含该数据的电子表格显示在图 4.3 中。教育、收入和职业性别构成数据来自 1971 年的加拿大人口普查，而声望得分是 20 世纪 60 年代中期加拿人国家调查中职业声望的平均评分，范围为 0～100。电子表格的结构与纯文本输入文件的结构相似：电子表格中每行是一个案例，顶部有一个可选的变量名称行，还有一个位于最左侧的可选的案例名称初始列。如果案例名称出现在第一列中，则该列顶部如图 4.3 所示，不应有变量名称。

表4.2   加拿大职业声望数据集中的变量

变量	值
education	本行业在职人员的平均受教育年限
income	本行业在职人员的平均年收入，以美元为单位
prestige	该职业的平均声望等级(0～100 级)
women	女性占本行业在职人员的百分比
census	人口普查职业代码
type	bc、wc 或 prof

要读取 Excel 电子表格，可从 R Commander 菜单中选择"数据" | "导入数据" | "导入 Excel 格式数据..."，这将弹出图 4.4 左侧的对话框。在对话框中完成对 Prestige 电子表格结构的设置，包括保留"缺失数据标示符号"框中默认的 "<空单元格>"。然后给数据集输入描述性名称 **Prestige**，以替换通用的默认名称 **Dataset**。[1]

在"导入 Excel 格式数据"对话框中单击 OK 按钮会出现一个标准的 Open 文件对话框，导航到包含数据的 Excel 文件的位置，将其选中并单击 Open 按钮，将弹出"选择其中一个工作表"对话框(见图 4.4 右侧)。单击 **Prestige** 表，然后单击"好"按钮以将数据读入 R Commander，从而使生成的 **Prestige** 数据框成为使用中的数据集。

---

1 其中 4 个职业(athletes、newsboys、babysitters 和 farmers)没有职业类型相对应，因而电子表格中相应的单元格为空。例如，如果使用 NA 来表示电子表格中的缺失数据，则在对话框中输入 NA 作为缺失数据标示符号。

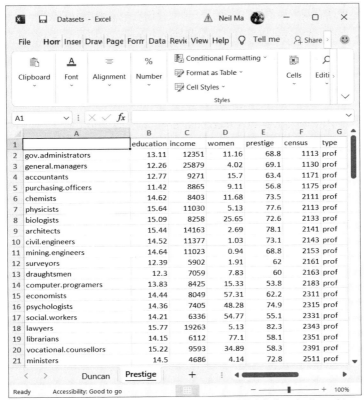

图 4.3　Excel 文件 **Datasets.xlsx** 显示了 Prestige 电子表格中的前 21 行(共 103 行)

图 4.4　"导入 Excel 格式数据"对话框(左)和"选择其中一个工作表"子对话框(右)

另外还有两个简单的方法可用于读取存储在电子表格中的数据。

- 将电子表格导出为逗号分隔的纯文本文件。在导出电子表格之前对其进行编辑，以确保输入 R Commander 时数据的形式正确，这样可以节省一些后续的工作。例如，除非单元格中的内容被引号括起来，否则不应该在单元格内出现逗号。

  同样，在将数据导入 R Commander 之前，可能必须编辑生成的 CSV 文件。例如，如果电子表格的第一行包含变量名称，而第一列包含行名称，则导出的 CSV 文件中第一行的第一个字段应是空的，该字段与电子表格左上角的空白单元格相对应(就像图4.3所示的 Prestige 电子表格中一样)。只需要删除 CSV 文件第一行中多余的初始逗号即可；否则，第一列将被视为变量而非行名称。

- 或者，在电子表格中选择要导入 R Commander 中的单元格：可以在单元格上按下鼠标左键并进行拖动；也可以在所选内容的左上角单元格上单击鼠标左键，然后在右下角的单元格中按住 Shift 键并单击。图4.5显示了对于包含 Duncan 的职业声望数据的 Excel 电子表格以这种方式选择单元格。然后以常规方式将选择的内容复制到剪贴板(例如，在 Windows 系统上使用 Ctrl+C 或在 Mac 上使用 command+C)。在 R Commander 中，选择"数据"|"导入数据"|"导入文本文件、剪贴板或 URL 文件…"菜单，然后，在出现的对话框中选中"剪贴板"单选按钮，保留选中默认的"空格键"作为"字段分隔字符"。从剪贴板中读取数据，就像它们保存在以空格分隔的纯文本文件中一样。

除了纯文本文件和 Excel 电子表格，"数据"|"导入数据"菜单还包括了其他菜单项，这些菜单项可以从 SPSS 格式文件、从 SAS 格式文件、从 Minitab 数据文件以及从 STATA 数据文件中读取数据。可以使用 SPSS 的便携式文件 Nations.por 进行练习，该文件位于本书的英文网站上。

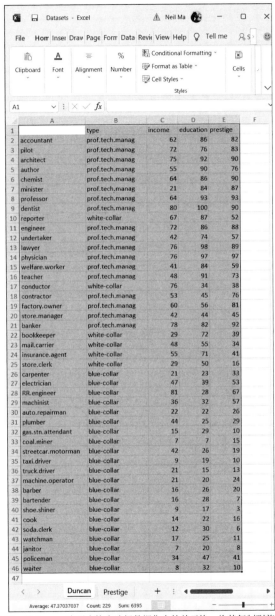

图 4.5　从 Duncan 电子表格中选择数据集中的单元格，将其复制到剪贴板

4.2.4　访问 R 程序包中的数据集

许多 R 程序包中都包含数据集，通常以 R 数据框的形式出现，并且这些数据集适合在 R Commander 中使用。当 R Commander 启动时，默认情况下会加载某些包含数据集的程序包。如果安装了其他程序包，并且其中包含想使用的数据，可以随后通过"工具"|"载入 R 程序包…"菜单来加载程序包。

从 R Commander 菜单中选择"数据"|"R 程序包的附带数据集"|"R 程序包中附带的数据集列表"将打开一个窗口，其中列出了当前已加载的 R 包中所有可用的数据集。选择"数据"|"R 程序包的附带数据集"|"读取指定程序包中附带的数据集…"菜单将打开图 4.6 所示的对话框。初始状态的对话框在图的最上方。

如果知道要读取的数据集的名称，则可以将其输入"请输入数据集的名称"框中，如图 4.6 的中间所示，输入 **Duncan** 作为数据集的名称。事实证明，这个包含 Duncan 的职业声望数据的数据集位于 **carData** 程序包中[29]。[1]由于 R 程序包中的数据集与文档相关联，因此单击"所选择数据集的帮助"按钮将打开 **Duncan** 数据集的帮助页面。单击 OK 按钮将读取数据并使 **Duncan** 成为 R Commander 中的使用中数据集。

或者，在"读取程序包中的数据"对话框的左侧列表框中(其包含当前加载的所有程序包的名称)，定位到包含目标数据集的程序包。就像在图 4.6 底部对 **carData** 程序包所做的那样，双击此列表中的一个程序包，在对话框右侧的列表框中显示出所选程序包中的数据集。通过常规方式滚动此列表，可以使用列表右侧的滚动条或者单击一个列表项然后按下键盘上的字母键。例如，在图 4.6 中按字母 **p**，然后双击 **Prestige** 选择它，以此将数据集的名称转移到"请输入数据集的名称"框中。最后，在对话框中单击 OK 按钮，将读取 **Prestige** 数据集并使其成为 R Commander 中的使用中数据集。这是我们已经熟悉的加拿大职业声望数据集。

如果保存在已加载的程序包中的数据集是 R Commander 中的使用中数据集，则可以通过以下两种方式之一访问该数据集的文档："数据"|"使用中的

1　在随后的章节中，将经常从程序包 **carData** 中读取数据集作为示例。

数据集"|"使用中数据集的帮助(如果有的话)"或者"帮助"|"使用中数据集的帮助(如果有的话)"。

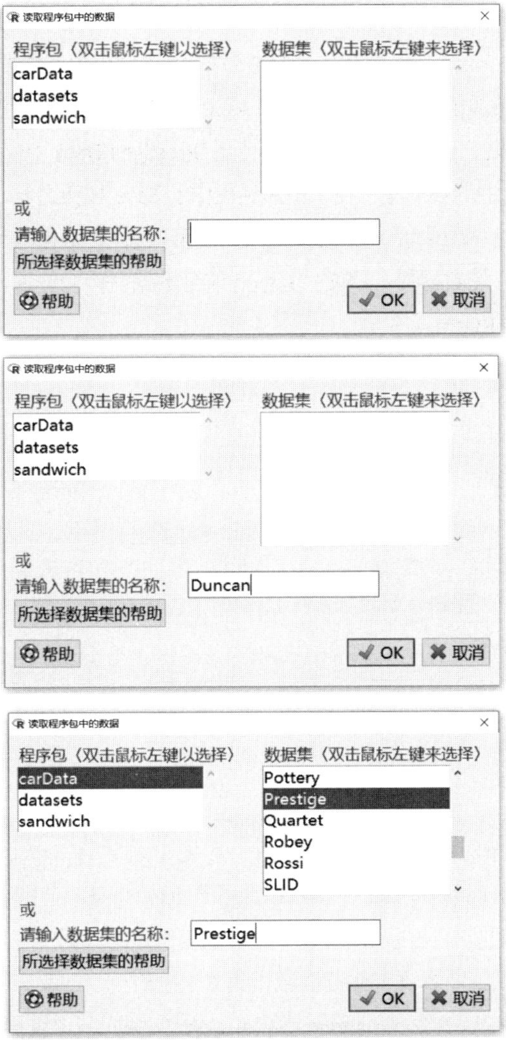

图4.6　从 R 程序包中读取数据集。最上方的图显示"读取程序包中的数据"对话框的初始状态。在中间的图中输入 **Duncan** 作为数据集名称。在最下方的图中，从程序包列表中选择 **carData** 并从数据集列表中选择 **Prestige**

4.3　从 R Commander 保存和导出数据

通过从 R Commander 菜单中选择"数据"|"使用中的数据集"|"保存当前数据集…"，将弹出图 4.7 所示的 Save As 对话框，可以有效的内部格式保存当前使用的数据集。建议为保存的数据使用 **Prestige.RData** 作为文件名，因为 **Prestige** 是使用中的数据集。在单击对话框中的 Save 按钮之前，请导航到文件系统中要保存文件的位置。在随后的会话中，可以通过"数据"|"载入数据集…"菜单来加载保存的数据集，将文件系统导航到数据文件的位置，然后选择先前保存的 **Prestige.RData** 文件。

图 4.7　保存当前数据集

希望以内部格式保存数据集有两个常见原因，第二个原因不适用于 R Commander 中分析的数据：①已经修改了数据(如在下一节中所述，创建了新变量)，并且希望能够在以后的会话中不必重复做过的数据管理工作；②数据集太大，以至于从纯文本文件中读取数据集太浪费时间。

还可以通过从 R Commander 菜单中选择"数据"|"使用中的数据集"|"导出当前数据集…"将当前数据集导出为纯文本文件，这将弹出图 4.8 所示的对话框。完成对话框以指定要导出数据的形式，默认选择如图中所示，然后单击 OK 按钮，随后导航到要存储导出数据的位置(在 Save As 对话框中，这里未

显示)。如果选择逗号作为字段分隔符，则 R Commander 会为导出的数据文件
建议名称 **Prestige.csv**。否则，它会建议使用文件名 **Prestige.txt**。

图 4.8 将当前数据集导出为纯文本文件

4.4 修改变量

R Commander 的"数据"|"管理使用中数据集的变量"菜单中的菜单项
专门用于修改变量和创建新变量。在 3.4 节中，解释了如何使用"变量重新编
码"对话框来更改因子的水平以及从数值变量创建因子，还展示了如何使用"将
因子变量水平重新排序"对话框来更改因子水平的默认字母排序。在本节中，
将提供有关重新编码变量的额外信息并描述 R Commander 中用于转换数据的
其他工具。

4.4.1 重新编码变量

"变量重新编码"对话框用于创建新因子的两种常见用法在 3.4 节中进行
了说明：图 3.9 展示了如何将数值变量转换为因子，图 3.10 展示了如何重新组
织因子变量的水平。

"变量重新编码"对话框中的重新编码指令采用通用形式"旧值=新值"，
其中旧值(即要重新编码的变量的原始值)以表 4.3 中列出的几种模式之一指定。
以下是有关制订重新编码的一些其他信息。

- 如果需要重新编码的变量的旧值不满足任何重新编码指令，则将该值简单地带入重新编码的变量中。例如，如果使用指令"strongly agree" = "agree"，但旧值"agree"未重新编码，则旧值"strongly agree"和"agree"都映射为新值"agree"。

- 如果需要重新编码的变量的旧值满足一个以上的重新编码指令，则将使用第一个适用的指令。例如，如果变量 **income** 重新编码为 lo:25000 = "low" 和 25000:75000 = "middle"(按此顺序指定)，那么 income = 25000 的案例将收到新值"low"。

- 如重新编码指令 lo:25000 = "low" 所示，特殊值 lo 可用于表示数值变量的最小值；类似地，hi 可用于表示数值变量的最大值。

- 特殊的旧值 else 匹配不显式与前面的重新编码指令匹配的任何值(包括 NA[1])。如果有 else，则应放在最后。

- 如果有多个变量需要被重新编码为完全相同，则可以在"变量重新编码"对话框的"选择变量以重新编码"列表中同时选中它们。

- "将(每个)新变量制作为因子变量"复选框最初是选中的，这样默认情况下，"变量重新编码"对话框会创建因子。但是，如果不选中此复选框，则可以定义数值新值(例如"strongly agree" = 1)，甚至可以定义字符(例如 1:10 = "low")或逻辑新值(例如"yes" = TRUE)。

- 通常，在定义重新编码指令时，等号(=)两侧的因子水平和字符值必须用双引号括起来(例如"low")，而数字值(例如 10)、逻辑值(TRUE 或 FALSE))以及缺失值 NA 不用括起来。

- 在"输入重新编码指令"框的每一行输入一条重新编码指令：可以在完成录入一条重新编码指令后，按回车键移动到下一行。

表 4.3　"变量重新编码"对话框中使用的重新编码指令

旧值	重新编码指令举例
单个值 (a)	99 = NA A = "missing" "strongly agree" = "agree"

---

[1]　因此，如果要保留当前已有的 NA，并且仍要使用 else，则可以在 else 之前使用指令 NA = NA。

(续表)

旧值	重新编码指令举例
一组值 (a,b,…,k)	`1, 3, 5 = "odd"` `"strongly agree", "agree somewhat" = "agree"`

一个数值范围(a:b)	`1901:2000 = "20th Century"`
	`lo:20000 = "low income"`
	`100000:hi = "high income"`

剩下所有else (必须出现在最后)	`else = "other"`

注：特殊的旧值 lo 和 hi 可以分别用于表示数值变量的最小值和最大值。

4.4.2　计算新变量

从 R Commander 菜单中选择"数据"|"管理使用中数据集的变量"|"计算新变量…"，将打开如图 4.9 所示的对话框。对话框顶部是当前数据集(从 **carData** 程序包中读取的 **Prestige** 数据集，参见 4.2.4 节)中的变量列表。可以看到，变量列表中的变量 **type** 被标注为因子，其他变量是数值型的。

图 4.9　"计算新变量"对话框

对话框的底部是两个文本框，其中第一个包含要创建的新变量的名称(最初是默认名 **variable**)：输入 **log.income** 作为新变量的名称。[1]如果新变量的名称与当前数据集中的现有变量的名称相同，那么当在对话框中单击 OK 按钮或"应用"按钮时，R Commander 会询问是否用新变量替换现有变量。

1　请记住 R 中变量的命名规则：名称只能包含大小写字母、数字、句点和下画线，并且必须以字母或句点开头。

　　第二个文本框最初是空的，是为定义一个新变量的 R 表达式准备的。可以双击"可使用的变量"列表中的变量名称以在表达式中输入该名称，也可以输入完整的表达式。在示例中，我输入 log10(income) 来计算以 10 为底的 **income** 的对数。[1]单击 OK 按钮或"应用"按钮将对表达式进行求值，并且(如果没有错误)会将新变量 **log.income** 添加到 **Prestige** 数据集中。

　　新变量可以是现有变量的简单转换(如 **income** 的对数转换)，也可以由两个或多个现有变量直接构造。例如，**carData** 程序包中的数据集 **DavisThin** 包含 7 个变量(称为 **DT1** 到 **DT7**)，构成"瘦身倾向"的标度。[2]每项的值分别为 0、1、2 或 3。为计算标度，需要对各项进行求和，这可以用简单的表达式 DT1 + DT2 + DT3 + DT4 + DT5 + DT6 + DT7 进行(当然，是在将 **DavisThin** 数据集读入 R Commander 后进行，如 4.2.4 节所述)。

　　表 4.4 显示了 R 的算术、比较和逻辑运算符，以及一些常用的算术函数。关系运算符和逻辑运算符都返回逻辑值(TRUE 或 FALSE)。这些运算符和函数可以单独使用，也可以组合使用，以复杂程度不一的表达式来创建新变量。例如，要将摄氏温度转换为华氏温度，则为 32 + 9 *celsius/5(当然，假定当前数据集中包含变量 **celsius**)。复杂表达式中运算符的优先级与常规的运算符规则一致：例如，乘法和除法的优先级高于加法和减法，因此 1 + 2*6 为 13。算式里的乘法和除法具有相同优先级，表达式从左到右进行评估。例如 2/4*5 是 2.5。如果需要，还可以使用括号来改变表达式的求值顺序，例如(1 + 2) *6 为 18，而 2/(4 * 5) 则为 0.1。如果对算式顺序不确定，为保险起见，就加上括号。还要记住(从 3.5 节开始)，双等号(==)不是普通的等号(=)，而是用于检测相等性。

1　如果不熟悉对数，也不用担心，因为这里使用它们只是为了说明数据转换。在数据分析中经常使用对数，以使全部正值或数据分布偏斜的变量(例如 **income**)的分布更对称。

2　这些数据由位于多伦多的约克大学的 Caroline Davis 慷慨提供，她研究饮食失调。

表 4.4 R 的运算符和常用函数

符号	解释	例子
算术运算符(返回数字)		
-	负号(一元减)	-loss
+	加	husband.income + wife.income
-	减	profit - loss
*	乘	hours.worked*wage.rate
/	除	population/area
^	幂运算	age^2
关系运算符(返回 TRUE 或 FALSE)		
<	小于	age < 21
<=	小于等于	age <= 20
==	等于	age == 21
>=	大于等于	age >= 21
		gender == "male"
>	大于	age > 20
!=	不等于	age != 21
		marital.status != "married"
逻辑运算符(返回 TRUE 或 FALSE)		
&	与	age > 20 & gender == "male"
|	或	age < 21 | age > 65
!	非	!(age < 21 | age > 65)
常用算术函数(返回数字)		
log	自然对数	log(income)
log10	以 10 为底的对数	log10(income)
log2	以 2 为底的对数	log2(income)
sqrt	平方根	sqrt(area) (相当于 area^0.5)
exp	自然指数函数e^x	exp(rate)
round	圆整	round(income) (至最接近的整数)
		round(income, 2) (保留小数点后两位精度)

计算新变量时的复杂表达式*

"计算新变量"对话框比乍看起来更强大，因为它可以指定任何 R 表达式，只要它生成的变量与当前数据集中的行数相同即可。例如，假设当前数据集是 **Prestige** 数据集，其中包括以年为单位的数值变量 **education**。以下表达式使用 **factor** 和 **ifelse** 函数将 **education** 重新编码为一个因子(作为"变量重新编码"对话框的替代方法)。

```
factor(ifelse(education > 12, "post-secondary", "less than post-secondary"))
```

下面是另一个使用 **ifelse** 的例子，它在已婚夫妇的数据集中挑选丈夫和妻子间收入较高的一个。

```
ifelse(hincome > wincome, hincome, wincome)
```

如果 hincome 超过 wincome，则使用相应的 hincome 值；否则，返回相应的 wincome 值。

ifelse 命令的一般形式是 `ifelse(logical-expression,value-if-true,value-if-false)`，具体说明如下。

- *logical-expression* 是对数据集中每个案例的指定变量值进行评估的逻辑表达式，其结果为 TRUE 或 FALSE。因此，在上面的第一个示例中，对于受教育年限超过 12 年的人，`education > 12` 的评估结果为 TRUE，对于受教育年限为 12 年或以下的评估结果为 FALSE。在第二个示例中，对于丈夫的收入超过妻子收入的夫妇，`hincome > wincome` 的评估结果为 TRUE，否则为 FALSE。

- *value-if-true* 给出 *logical-expression* 为 TRUE 时案例的值。如第一个示例中那样，它可以是单个值(字符串"post-secondary")；或者如第二个示例中那样，它是每个案例对应于一个值的向量(即对于夫妻，结果值是丈夫收入组成的向量)。如果 *value-if-true* 是一个向量，则在 *logical-expression* 为 TRUE 的情况下使用向量的相应项。

- *value-if-false* 给出 *logical-expression* 为 FALSE 时案例的值；它也可以是单个值(例如"less than post-secondary")或者值的向量(如 wincome)。

4.4.3 变量的其他操作

"数据"|"管理使用中数据集的变量"菜单中的其余大多数菜单项相当简单(参见图附录 A 中的 A.3)。

- "新增观测值编号至数据集"菜单项会创建一个名为 **ObsNumber** 的新数值变量，其值为 1，2，…，*n*，其中 *n* 是当前数据集的行数。

- "将变量标准化…"菜单项将一个或多个数值变量转换为均值 0 和标准差 1。
- "重新排序因子变量水平…"菜单项更改因子水平的默认字母排序(参见 3.4 节，特别是图 3.8)。
- 有时，把数据集分解子集后(4.5 节中所述的操作)，实际上并非所有水平的因子都出现在数据中。"移除未使用的因子变量水平…"菜单项将删除因子的空白水平，空白水平有时会导致分析数据时出现问题。
- "将变量重新命名"和"删除数据集中的变量"菜单项将按其说明进行操作。
- "定义因子变量的对比方式…"菜单项将在 7.2.4 节中讨论。

"管理使用中数据集的变量"菜单中剩余的两个菜单项用于将数值变量转换为因子。

- "以区间分隔数值变量…"菜单项可以将可能连续的数值变量分为类区间，称为 bin。"以区间(bin)分隔数值变量"对话框如图 4.10 所示，我在其中选择 **income** 作为要分箱的变量。把要创建的因子命名为 **income.level**(默认名称是 **variable**)，选择 4 个 bin(默认为 3)和"等数量区间"单选按钮(默认为"等宽度区间")，然后选择"个数"作为"水平名称"(默认是在子对话框中指定水平名称)。单击 OK 按钮，将因子 **income.level** 添加到数据集中，其中水平 1 代表收入最低的(大概)1/4 的案例，2 代表下一个 1/4，以此类推。

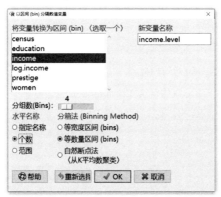

图 4.10　"以区间(bin)分隔数值变量"对话框(从数值变量 **income** 创建因子 **income.level**)

- 某些数据集使用数字代码——通常是连续的整数(如 1、2、3 等)——来表示分类变量的值。当将数据读入 R Commander 时，此类变量将被视为数字。"将数值变量转换为因子变量..."菜单项可以把这些变量转换为因子，方式是使用数字代码作为水平名称("1" "2" "3"等)，抑或直接提供水平名称(如"strongly disagree" "disagree" "neutral"等)。

这里将通过 **MASS** 程序包中的 **UScereal** 数据集进行说明。该数据集包含有关在美国销售的 65 个早餐麦片品牌的信息。[1]要访问该数据集，首先加载 **MASS** 包，通过菜单选择"工具"|"载入 R 程序包..."，在结果对话框中选择 **MASS** 包(见图 4.11)。然后，导入 **UScereal** 数据并使其成为使用中的数据集，方法是选择"数据"|"R 程序包的附带数据集"|"读取指定程序包中附带的数据集..."菜单(如 4.2.4 节中所述)。

图 4.11   "加载程序包"对话框，选择 **MASS** 程序包

图 4.12 说明了将超市中摆放麦片的原本为数值型的变量 **shelf**(编码为 1、2 或 3)转换为因子变量，相应的水平值为"low" "middle"和"high"。在主对话框(图 4.12 的左侧)中单击 OK 按钮，将弹出子对话框(图 4.12 的右侧)，在其中输入与原始编号相对应的水平名称。在转换为因子后，变量 **shelf** 现在可以用在 R Commander 的列联表中(如 3.5 节中所述)。如果它在回归模型中作为预测器出现，则意味着将被视为分类变量(参见 7.2.3 和 7.2.4 节)。

1　感谢一位匿名作者给出的这个例子。

注意： 由于 R Commander 中文版的兼容性问题，为了图 4.12 中的"将数值变量转换为因子变量"对话框能正常工作，请在"指定转换后的新变量名称或前置字符串"框中输入具体名称，如这里的 **shelf**。

图 4.12　"将数值变量转换为因子变量"对话框(左)和"水平名称"子对话框(右)

4.5　操作数据集

与上一节中讨论的变量操作相反，"数据" | "使用中的数据集"菜单中的选择(参见图 A.3)对整个数据集或数据集的行起作用。"使用中的数据集"菜单中的某些菜单项非常易懂，这里简单地解释它们的作用。

- "选择欲使用的数据集..."菜单项可以从工作空间的数据框中进行选择(如果有多个)；选择此菜单项等效于单击 R Commander 工具栏中的"数据集"按钮。
- "更新当前数据集"菜单项将重置 R Commander 维护的有关当前数据集的信息，例如数据集中的变量名、哪些变量是数值变量、哪些是因子等。例如，此信息用在变量列表框中，用于确定哪些菜单项处于活动状态。如果在 R Commander 菜单之外更改了数据集，则可能需要更新当前数据集(例如,如果输入并执行一个向数据集添加变量的R命令)。相反，当通过 R Commander GUI 对当前数据集进行更改时，该数据集将自动更新。

- "使用中数据集的帮助(如果有的话)"菜单项如果从 R 程序包中读取了数据集，则有关当前数据集的帮助文档将被打开。

- "使用中数据集里的变量"菜单项在"输出"窗格中列出数据集中的变量名称。

- "设定观测值名称..."菜单项将打开一个对话框，用于将当前数据集的行(案例)名称设置为数据集中变量的值。如果在将数据读入 R Commander 时未建立行名，则此操作很有用。行名称变量可以是因子、字符变量或数值变量，但其值必须唯一(即任何两行都不能具有相同的名称)。一旦行名称被分配完成，将从数据集中删除该行名称变量。

- 4.3 节中描述了"保存当前数据集"和"导出当前数据集"菜单项所执行的操作。

4.5.1 对数据集的特殊操作*

"使用中的数据集"菜单中有两个菜单项具有特殊功能，因此这里对其进行简要介绍。

- "汇总使用中数据集里的变量..."菜单项根据因子的水平汇总一个或多个变量的值，生成一个新数据集，每个水平有一个案例。聚合通过将某个函数(**mean**、**sum** 或另一个返回单个值的函数)应用于因子每个水平中的案例的变量值来进行。例如，以一个数据集为例，在该数据集中，案例代表加拿大人个体，并且该数据集包含其所居住省份的一个因子以及其他变量(例如受教育年限和年收入等)。可以据此生成一个新数据集，其中的案例代表各个省份，而案例中的变量包括每个省份的平均教育程度和平均收入等。

- "堆栈使用中数据集内的变量..."菜单项将创建一个数据集，其中两个或多个变量被"堆叠"，一个在另一个的顶部，以产生单个变量。如果当前数据集中有 n 个案例，并且要堆叠 k 个变量，则新数据集将包含一个变量和 $n \times k$ 个案例，以及一个因子(其水平为原始数据集中堆叠变量的名称)。数据集的这种转换有时在绘图中很有用。

4.5.2　选取部分案例

"使用中的数据集"菜单中有 3 个菜单项用于创建案例子集，最直接的是选取部分样本，这会弹出如图 4.13 所示的对话框，其中当前数据集是来自 **carData** 程序包中的加拿大职业声望数据(**Prestige**)。[1]而且，我定义了对话框中的内容，创建数据子集，使其包括原始数据集中的所有变量(这是默认值)。将"子样本选取的条件"从默认的<所有观测值>更改为逻辑表达式 `type == "prof"`，以选择专业、技术和管理职位。[2]更一般而言，"子样本选取的条件"应针对每个案例返回逻辑值(TRUE 或 FALSE，参见 4.4.2 节中有关 R 表达式的讨论)。我还将新数据集的默认名称<与使用中的数据集相同>更改为 **Prestige.prof**。

图 4.13　"子样本数据集"对话框

"子样本数据集"对话框还可用于在当前数据集中创建变量的子集：只需要取消选中"包含所有变量"复选框，而使用变量列表框选择要保留的变量，并将"子样本选取的条件"保留为默认值<所有观测值>。

通过"数据"|"使用中的数据集"菜单中的"移除使用中数据集里的某些行…"菜单项，将调出图 4.14 所示的对话框，其中当前数据集是 **carData** 程序

---

1 正如已解释的那样，可以通过单击 R Commander 工具栏中的"数据集"按钮，从当前内存中的数据集列表中选择 **Prestige**，来使 **Prestige** 成为当前数据集。

2 R 中使用双等号==来测试相等性。

包中的 **Duncan** 职业声望数据集。输入案例名称**"minister" "conductor"**并用
Duncan.1 替换新数据集的默认名称<与使用中的数据集相同>。单击 OK 按钮将
从 **Duncan** 数据中删除这两个案例，因此 **Duncan.1** 包含最初的 45 个案例中的
43 个。案例可以按它们的编号和名称删除。例如，由于"minister"和"conductor"
分别是原始 **Duncan** 数据中的第 6 个和第 16 个案例，因此也可以将要删除的案
例指定为 6 和 16。

图 4.14   "移除使用中数据集里的某些行"对话框

选择"数据"|"使用中的数据集"|"移除有缺失值的行(rows)…"菜单项
将打开如图 4.15 所示的对话框，仍然是 **carData** 程序包中的 **Prestige** 数据集。
在定义对话框内容时，保留选中默认的"包含所有变量"复选框并保留新数据
集的默认名称<与使用中的数据集相同>。单击 OK 按钮后，R Commander 会发
出警告"正在替换现有的 **Prestige** 数据集，请进行确认"。新数据集将包含原始
Prestige 数据框 102 行中的 98 行，去掉 4 个在原始数据中缺失职业 **type** 的数据，
而保持其他变量不变。

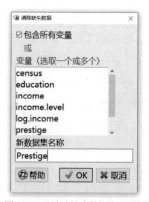

图 4.15   "清除缺失数据"对话框

有时可能需要以这种方式删除缺失的数据，以分析完整案例的前后一致的子集。例如，假设将几个回归模型拟合到完整的 **Prestige** 数据，并且其中的一些模型包含变量 **type**，而其他模型不包含。包含 **type** 的模型可能对 98 个案例拟合，而其他模型则拟合 102 个案例，因此比较这些模型是不准确的(例如进行似然比检验，参见 7.7 节)。

这里有两个警告：①粗心地过滤缺失的数据会不必要地去掉个例。例如，如果数据集中有一个不打算在数据分析中使用的变量，那么删除该变量上缺失数据的案例是不明智的。我们应只过滤掉计划使用的变量上带有缺失数据的案例。②处理缺失数据有比分析完整案例更好的通用方法(例如，参见 Fox 的著作的第 20 章[24])，但它们超出了本书的范围，并且由于缺少合适的 R Commander 插件包，因而超出了 R Commander 的当前范围。

4.5.3 合并数据集*

R Commander 允许合并 R 工作空间中两个数据框的数据。它支持简单列(变量)合并和行(案例)合并。现在先介绍前者。

为说明列合并，将加拿大职业声望数据中的变量分成两个以空格分隔的纯文本文件。第一个文件 **Prestige-1.txt**[1]包含有关 **education**、**income**、**women**、**prestige** 和 **census** 等数值变量的数据(有关加拿大职业声望数据中变量的定义参见表 4.2)。数据文件的第一行包含变量名称，随后每一行的第一个字段包含案例(职业)名称。因此，此文件中有 103 行针对 102 个职业的数据。第二个文件 **Prestige-2.txt** 也是一个以空格分隔的纯文本文件，其中包含一个变量的所有职业类型定义的数据。文件的第一行仅包含变量名称 **type**，而后面的 98 行各包含一个职业名称及其后的职业类型(即 prof、wc 或 bc)；数据集中未按职业类型分类的 4 个职业不会出现在 **Prestige-2.txt** 中。

为提供一个简洁的示例，重新启动一个新的 R 和 R Commander 会话，继而将 **Prestige-1.txt** 和 **Prestige-2.txt** 数据文件读入数据框 **Prestige1** 和 **Prestige2**(如

---

1 本书中使用的所有数据文件都可以在本书网站上找到，参见 1.5 节。

4.2.2 节中所述)。[1]从 R Commander 菜单中选择"数据"|"合并数据集..."将打开如图 4.16 所示的对话框。选择 **Prestige1** 作为第一个数据集并选择 **Prestige2** 作为第二个数据集，输入 **Prestige** 作为合并后数据集的名称，以替换默认名称 **MergedDataset**。选中"依列合并"单选按钮并使"仅合并共同的行或列"复选框未选中。单击 OK 按钮将合并数据集，按行名匹配案例并生成包含 102 行的数据集。在 **Prestige1** 中存在但在 **Prestige2** 中不存在的 4 个案例的 **type** 值为缺失(NA)。如果选中"仅合并共同的行或列"复选框，则合并后的数据集将只包括两个原始数据集中共同存在的 98 个案例。

如本例所示，要将两个数据集中的变量合并，R Commander 使用数据集中的行名作为"合并键"。可能需要对这两个数据集进行一些初步的数据管理工作，以确保它们的行名是一致的。

也可以通过在"合并数据集"对话框中保持默认的"依行合并"单选按钮被选中来执行行合并。通常情况下，如果两个要合并的数据集中存在公共变量，则这些变量在两个数据集中应具有相同的名称。可以选择仅合并两个数据集共有的变量，也可以合并每个数据集的所有变量。在后一种情况下，那些仅在一个数据集中存在的变量合并后将为来自另一个数据集的案例填上缺失值。

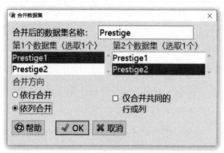

图 4.16　使用"合并数据集"对话框将来自两个数据集的具有共同案例名的所有变量进行合并

为说明行合并，将 Duncan 的职业声望数据分为 3 个数据文件：**Duncan-prof.txt**(文件中包含 18 个专业、技术和管理职位的数据)、**Duncan-wc.txt**(包含 6 种白领职业的数据)和 **Duncan-bc.txt**(其中包含 21 种蓝领职业的数据)。

1　注意，即使相应的数据文件是包含连字符的名称(**Prestige-1.txt** 和 **Prestige-2.txt**)，这里仍使用数据集名称 **Prestige1** 和 **Prestige2**。在 R 数据集名称中，连字符不合法。

这 3 个文件都是纯文本,以空格分隔,第一行中是变量名,后续各行的第一个字段是案例名。这些文件均包含变量 **type**、**income**、**education** 和 **prestige** 的数据(参见表 4.1)。

为合并 **Duncan** 数据集的 3 个部分,首先以现在熟悉的方式将部分的数据集读入 R Commander,创建数据框 **Duncan.bc**、**Duncan.wc** 和 **Duncan.prof**。[1]接下来,从 R Commander 菜单中选择"数据"|"合并数据集...",然后选择 **Duncan** 数据的 3 个部分中的两个(**Duncan.bc** 和 **Duncan.wc**),如图 4.17 左侧所示,创建数据框 **Duncan**。最后,执行 **Duncan** 和 **Duncan.prof** 的另一次行合并,如图 4.17 右侧所示。由于为合并的数据集指定了一个现有的数据集名称(**Duncan**),因此 R Commander 要求确认这一操作。第二次合并的结果是完整的 **Duncan** 数据集(其中包含 45 个案例和 4 个变量),而且现在成为 R Commander 中的使用中数据集。

图 4.17 使用"合并数据集"对话框两次来按行合并 3 个数据集:合并 **Duncan.bc** 和 **Duncan.wc** 以
创建 **Duncan**(左);然后将 **Duncan** 与 **Duncan.prof** 合并以更新 **Duncan**(右)

---

1 同样,数据集必须具有合法的 R 名称,例如不能包含连字符。

第5章
数据汇总和图形化

本章介绍如何使用 R Commander 计算数据的简单数值总结、构造/分析列联表以及绘制常见的统计图。

5.1 简单的数值总结

R Commander 的"统计量"|"总结"菜单(参见图 A.4)包含了一些用于汇总数据的菜单项。本章将使用加拿大职业声望数据(在 4.2.3 节中介绍过)进行说明。访问该数据集最方便的途径是通过 **carData** 程序包中的 **Prestige** 数据框,**carData** 是 R Commander 启动时自动加载的程序包之一。通过"数据"|"R 程序包的附带数据集"|"读取指定程序包中附带的数据集…"菜单读取数据(如 4.2.4 节中所述)。由于数据集中因子 **type** 的水平的默认排列顺序是按照字母顺序,因此"bc" "prof "和"wc"没有按照自然顺序排列。通过"数据"|"管理使用中数据集的变量"|"重新排序因子变量水平…"对因子水平进行重新排序(参见 3.4 节)。

选择"统计量"|"总结"|"使用中的数据集"菜单将生成图 5.1 所示的简短摘要。每个数值变量都有"五数摘要",报告变量的最小值、第一四分位数、中位数、第三四分位数和最大值以及平均数;对于因子 **type** 则报告水平的频数分布,包括 NA 计数。

```
> summary(Prestige)
   education          income           women           prestige
 Min.   : 6.380   Min.   :  611   Min.   : 0.000   Min.   :14.80
 1st Qu.: 8.445   1st Qu.: 4106   1st Qu.: 3.592   1st Qu.:35.23
 Median :10.540   Median : 5930   Median :13.600   Median :43.60
 Mean   :10.738   Mean   : 6798   Mean   :28.979   Mean   :46.83
 3rd Qu.:12.648   3rd Qu.: 8187   3rd Qu.:52.203   3rd Qu.:59.27
 Max.   :15.970   Max.   :25879   Max.   :97.510   Max.   :87.20
     census           type
 Min.   :1113    bc  :44
 1st Qu.:3120    wc  :23
 Median :5135    prof:31
 Mean   :5402    NA's: 4
 3rd Qu.:8312
 Max.   :9517
```

图 5.1　**Prestige** 数据集的总结输出

选择"统计量"|"总结"|"数据总结…"菜单将弹出图 5.2 所示的对话框。在"数据"选项卡中选择变量 **education**、**income**、**prestige** 和 **women**，并在"统计量"选项卡中保留默认选项。单击 OK 按钮，将在图 5.3 中显示输出。如果单击"数据"选项卡中的"以群组来进行总结…"按钮，则可以为 **type** 的每个水平分别计算摘要统计量。

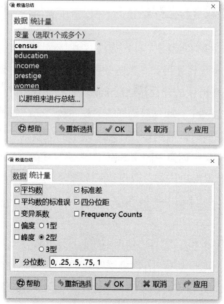

图 5.2　"数值总结"对话框："数据"选项卡(上)和"统计量"选项卡(下)

通过选择"统计量"|"总结"|"统计量表…",可以计算一个或多个因子水平或水平组合内的一个或多个数值变量的统计量。为说明这一点,将使用 **carData** 程序包中的 **Adler** 数据集。这些数据来自 Adler 进行的有关"实验者效应"的社会心理学实验[2]。也就是说,研究人员的期望如何影响他们收集的数据。Adler 招募了"研究助手",他们向受试者展示个人面孔的照片;研究助手要求受试者根据照片中人的样貌,对"样貌看起来有多么成功"进行评分。实际上,Adler 选择的照片本人在成功方面表现一般,而研究的真正对象是研究助手。Adler 使用了两个因子,即数据集中的 **expectation** 和 **instruction**。

- **expection**:一些助手被告知期望照片得到较高的反馈评分,而另一些则被告知期望较低的评分。

- **instruction**:此外,还为助手提供了有关如何收集数据的不同说明。一些人被指示尝试收集"良好的"数据,另一些人被指示尝试收集"科学的"数据,而其他人则没有得到此类特殊指示。

Adler 给 18 位研究助手随机分配了 6 个实验条件中的一个,即因子 **expectation** 的两个水平("HIGH"或"LOW")和因子 **instruction** 的 3 个水平("GOOD" "SCIENTIFIC"或"NONE")的组合。这里随机删除了 108 位受试者中的 11 位,以产生"失衡的" **Adler** 数据集。[1]以常用的方式将数据读入 R Commander 后,对因子 **instruction** 的水平进行重新排序,其默认顺序是按字母顺序排列。

```
> numSummary(Prestige[,c("education", "income", "prestige", "women"),
+    drop=FALSE], statistics=c("mean", "sd", "IQR", "quantiles"), quantiles=c(0,
+    .25,.5,.75,1))
             mean           sd       IQR      0%      25%       50%       75%
education  10.73804    2.728444    4.2025    6.38   8.4450    10.54   12.6475
income   6797.90196 4245.922227 4081.2500  611.00 4106.0000 5930.50 8187.2500
prestige   46.83333   17.204486   24.0500   14.80  35.2250    43.60   59.2750
women      28.97902   31.724931   48.6100    0.00   3.5925    13.60   52.2025
             100%   n
education   15.97 102
income   25879.00 102
prestige    87.20 102
women       97.51 102
```

图 5.3 **Prestige** 数据集中变量的数值总结

"统计量数据表"对话框如图 5.4 所示。在"因子变量"列表框中选择

1　当然,像这样丢弃数据是不明智的,但这里想针对方差示例进行更复杂的双因子分析,使两个因子的水平组合中案例数不相等(参见 6.1 节)。

expectation 和 **instruction**，而"因变量"列表框中已预先选择数据集中唯一的一个数值变量 **rating**。该对话框包括用于计算平均数、中位数、标准差和四分位距的单选按钮以及"其他"按钮(借助该按钮可输入任何为一个数值变量计算单个数字的 R 函数)。保留默认的"平均数"选项，然后单击"应用"按钮，仔细观察输出结果。当对话框再次出现时，选择"标准差"单选按钮，然后单击 OK 按钮。输出结果如图 5.5 所示。我将把对 **Adler** 数据的解释推迟到 5.4 节和 6.1 节。

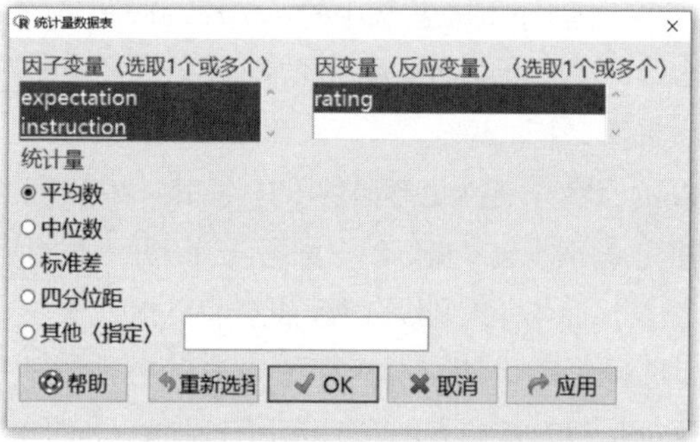

图 5.4　"统计量数据表"对话框

```
> Tapply(rating ~ expectation + instruction, mean, na.action=na.omit,
+   data=Adler) # mean by groups
          instruction
expectation      good scientific       none
       high  4.444444 -6.9444444 -9.833333
       low -18.277778  0.8333333 -3.500000
> Tapply(rating ~ expectation + instruction, sd, na.action=na.omit,
+   data=Adler) # sd by groups
          instruction
expectation      good scientific       none
       high 15.40138  8.446874 14.72193
       low  10.30023 10.455789 11.62781
```

图 5.5　**Adler** 数据集中 **rating** 的平均数(上)和标准差(下)总结输出结果(按 **expectation** 和 **instruction** 分类)

　　"统计量" | "总结"菜单中另外几个菜单项和关联的对话框非常简单，因此为简洁起见，这里将不演示它们的用法。[1]

● 　"频数分配"对话框生成因子的频率和百分比分布，以及可选的卡方拟合优度检验，该检验采用用户提供的针对因子水平的假设概率。

---

[1]　该菜单中的两个菜单项(即"相关性检验"和"正态分布检验")执行简单的假设检验，将在第 6 章中介绍。

- "计算有缺失的观测值个数"菜单项显示当前数据集中每个变量的 NA 数。
- "相关矩阵"对话框计算两个或多个数值变量的 Pearson 积矩相关性、Spearman 等级顺序相关性或偏相关性，以及可选的成对 p 值，计算时使用和不使用校正进行同步推断。

5.2　列联表

"统计量" | "列联表"菜单(参见图 A.4)具有用于从当前数据集中构造双向表和多向表的菜单项。3.5 节中已演示过"双向表"对话框，这里不再重复。此外，"多向关系表"对话框与之类似；不同之处在于，除了为列联表选择行和列因子，还可以选择一个或多个控制因子：为控制因子的每一种水平组合构造单独的双向表，可选择按行百分比或列百分比。

相比之下，通过"统计量" | "列联表" | "输入并分析双向表(two-way table)…"调出的"输入双向表(Two-Way Table)"对话框(见图 5.6)对于 R Commander 而言并不常见，因为它不使用当前数据集。该对话框允许从现有的双向列联表中输入频率(计数)，通常是从诸如教科书的印刷资源中输入。"表"选项卡顶部的滑块控制表格中的行数和列数。最初，该表具有 2 行和 2 列，并且该表的单元格为空。

将滑块设置为 3 行 2 列，然后输入一个频率表，该频率表取自 *The American Voter*(这是 Campbell 等人对选举行为的经典研究[8])。数据来源于对 1956 年美国总统大选的小组研究。在竞选期间，受访者被问到相对于其他候选人，他们对一位候选人的偏爱程度(weak、medium 或 strong)，并在选举后被问及他们是否投了票。

"统计量"选项卡位于图 5.6 的右侧。这里选中"行百分比"单选按钮，因为表中的行变量(即偏好强度)是解释变量。默认情况下，"独立性之卡方检验"复选框处于选中状态。此外还选中了"列出频数期望值"复选框，默认情况下该选项未被选中。

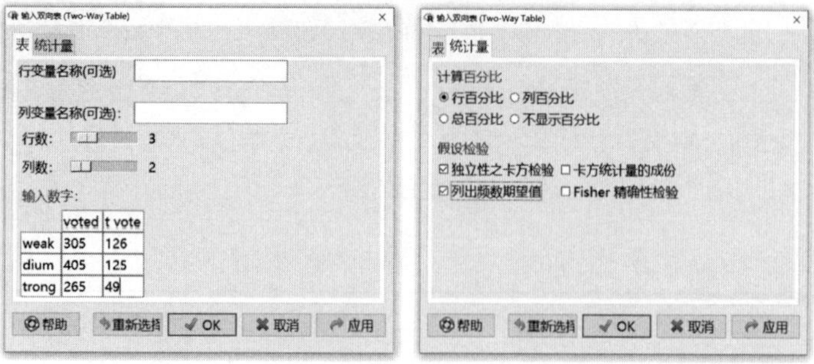

图 5.6　"输入双向表(Two-Way Table)"对话框中的"表"选项卡(左)和"统计量"选项卡(右)

对话框的输出结果如图 5.7 所示。其显示选民投票率随着对党派偏好的强度而增加，并且两个变量之间的关系具有高度的统计学意义，其卡方独立性检验的 p 值非常小。所有预期计数都远大于卡方分布所需的数量，以便很好地逼近检验统计量的分布；如果不是这样，无论是否输出预期频率，都会出现警告。

```
> .Table <- matrix(c(305,126,405,125,265,49), 3, 2, byrow=TRUE)

> dimnames(.Table) <- list("rows"=c("weak", "medium", "strong"),
+   "columns"=c("voted", "not vote"))

> .Table  # Counts
        columns
rows     voted not vote
  weak     305      126
  medium   405      125
  strong   265       49

> rowPercents(.Table) # Row Percentages
        columns
rows     voted not vote Total Count
  weak    70.8     29.2   100   431
  medium  76.4     23.6   100   530
  strong  84.4     15.6   100   314

> .Test <- chisq.test(.Table, correct=FALSE)

> .Test

        Pearson's Chi-squared test

data:  .Table
X-squared = 18.755, df = 2, p-value = 0.00008459


> .Test$expected # Expected Counts
        columns
rows         voted  not vote
  weak    329.5882 101.41176
  medium  405.2941 124.70588
  strong  240.1176  73.88235

> remove(.Test)

> remove(.Table)
```

图 5.7　"输入双向表(Two-Way Table)"对话框产生的输出

5.3 绘制变量分布图

这里将使用加拿大职业声望数据来说明如何绘制分布图，其数据来自本章前面介绍的 **carData** 程序包。目前，本章已读入两个数据集，即 **Prestige** 数据集和 **Adler** 数据集，后者是当前数据集。要更改当前数据集，可单击 R Commander 工具栏中的"数据集"按钮，然后在出现的对话框中选择 **Prestige**。[1]

5.3.1 图形化数值数据

R Commander 的"绘图"菜单(见图 A.6)分为几组，其中第二组用于构造数值变量分布图：索引图、点图、直方图、密度估计图、茎叶图、箱线图和分位数比较(QQ)图。这些图中的许多图(特别是点图、直方图、密度估计图和箱线图)也可以显示数值变量在因子水平(即以其为条件)内的分布，并且茎叶图可以对二分因子的两个水平绘制"背靠背"分布(参见 6.1.1 节中的示例)。

选择"绘图" | "直方图"菜单项将打开图 5.8 所示的对话框。图 5.8 上部的"数据"选项卡允许选择一个数值变量，这里选择 **income**。单击"按变量分组绘制…"按钮将弹出"分组"子对话框，该对话框显示在图 5.8 的中部；因为数据集中只有一个因子 **type**，所以它是预先选中的。单击"分组"子对话框中的 OK 按钮将返回到主对话框，现在"按变量分组绘制…"按钮将显示"分组绘图变量：type"字样。"选项"选项卡在图 5.8 的下部。将所有选项保留为默认值，然后单击 OK 按钮，将在图 5.9 中生成垂直对齐的直方图。

---

1 尽管 R Commander 可用这种方式在数据集之间切换，但毫无疑问，在大多数 R Commander 会话中将使用单个数据集。

图5.8   "直方图"对话框中的"数据"选项卡(上)、"分组"子对话框(中)和"选项"选项卡(下)

注意：由于 R Commander 中文版的兼容性问题，为了图 5.8 中的"直方图"对话框能正常工作，请在"选项"选项卡中为各个选项输入具体内容，例如分组数为 **7**，x 轴标签为 **income**，y 轴标签为 **frequency**，图形标题保持空白。

如果不喜欢默认分组数，则可以为分组数输入目标数量。[1]通常，随着分组数量的增加，每个分组的宽度会减小。可以通过单击对话框中的"应用"按钮而不是 OK 按钮来方便地试验分组数。

---

1 指定的"分组数"只是一个目标，因为创建直方图的程序还会尝试使用"适当的"数字作为分组的约束。
   分组的默认目标数量由 Sturges 规则[42]确定。

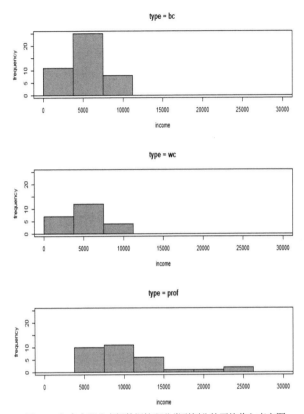

图 5.9 加拿大职业声望数据按职业类型划分的平均收入直方图

其他分布图的对话框仅在其"选项"选项卡以及它们是否支持按组绘图方面有所不同(如上所述)。图 5.10 显示了加拿大职业声望数据集中 **education** 的默认分布图。[1]密度估计图(中右)的底部还有一个"地毯图",显示了数据值的位置。默认情况下分位数比较图(右下)将数据的分布与正态分布进行比较,但也可以针对其他理论分布进行绘制。[2]

---

1 要获取 **education** 的边缘直方图,即不按职业类型进行绘图,可单击"直方图"对话框中的"重新选择"按钮或单击"按变量分组绘制..."按钮,在"分组"子对话框中取消对 **type** 的选取(即在"分组"子对话框中,按下 Ctrl 键并同时单击"分组变量"列表中的 **type**)。

2 概率分布将在第 8 章中讨论。

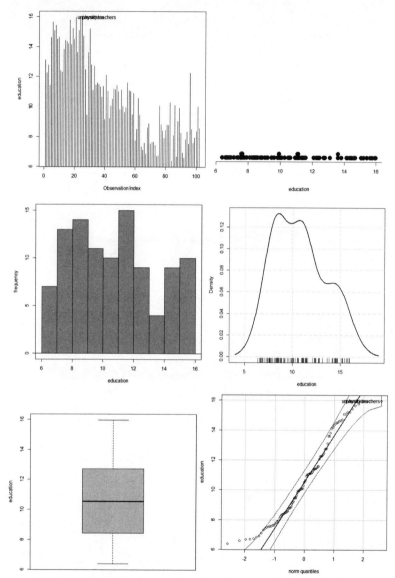

图 5.10 加拿大职业声望数据中 **education** 的各种默认分布显示。从上到下且从左到右分别为索引图、点图、直方图、带地毯图的密度估计图、箱线图和用于比较 **education** 分布与正态分布的分位数比较(QQ)图

在索引图(左上)和分位数比较(QQ)图(右下)中，默认自动识别了两个最极端的值，但由于这两个值在图中彼此相当接近，因此它们的标签相互重叠。不过，极端值的标签也同时显示在了 R Commander 的"输出"窗格中，它们是 **university.teachers** 和 **physicians**。

education 的默认茎叶显示如图 5.11 所示。由于它是文本输出，因此结果出现在"输出"窗格中。

```
> with(Prestige, stem.leaf(education, na.rm=TRUE))
1 | 2: represents 1.2
 leaf unit: 0.1
            n: 102
    1     6* | 3
    7     6. | 666789
   10     7* | 134
   20     7. | 5555667899
   27     8* | 1233444
   34     8. | 5567788
   40     9* | 012444
   44     9. | 6899
   50    10* | 000012
  (4)    10. | 5569
   48    11* | 00000112334444
   34    11. | 56
   32    12* | 022334
   26    12. | 777
   23    13* | 1
   22    13. | 668
   19    14* | 1234
   15    14. | 55667
   10    15* | 00224
    5    15. | 67999
```

图 5.11　加拿大职业声望数据中 **education** 的默认茎叶显示。茎秆左侧的第一列数字表示数值分布从两端到中位数的"深度"(即累积计数)，带有括号的值(4)给出包含中位数的茎的计数。如果用符号表示二分茎值(如图中所示)，则 *x** 包含叶值 0~4，*x.* 包含叶值 5~9。假如把茎值五分，则类似的标记可以是：*x** 包含 0、1，*xt* 包含 2、3，*xf* 包含 4、5，*xs* 包含 6、7 和 *x.* 包含 8、9

5.3.2　图形化分类数据

现在将演示如何使用 **carData** 程序包中的 **Chile** 数据集绘制分类变量的分布图。该数据集涉及的是一项民意调查。**Chile** 数据集中的两个变量分别是因子 vote，水平为"N" "Y" "U"和"A"；以及因子 **education**，水平为"P" "S"和"PS"。这

两种情况下，因子水平的默认字母排列顺序都不是自然顺序。因此，在读取数据后，通过"数据" | "管理使用中数据集的变量" | "重新排序因子变量水平..."菜单来更改顺序(参见 3.4 节)。

　　"绘图"菜单中有两个菜单项可用于绘制简单的因子分布图: 条形图和饼图。因为允许用第二个因子的值来划分条形，所以图 5.12 所示的"条形图"对话框是两者中较复杂的一个。在左图的"数据"选项卡中，选择变量中的 **education** 来定义条形。然后，选中"按变量分组绘制..."按钮并在出现的"分组"子对话框中选择 **vote**，因此该按钮显示"分组绘图变量: vote"。在右图的"选项"选项卡中保留所有默认选项。单击 OK 按钮将生成图 5.13 所示的图形。总体而言，公民投票显得很直观(形象化地求和并比较了条形图中的 N 和 Y 区域)。

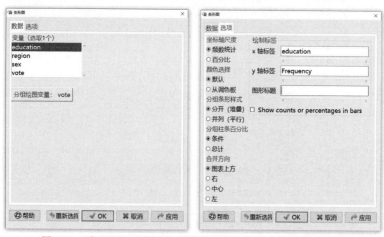

图 5.12　"条形图"对话框中的"数据"选项卡(左)和"选项"选项卡(右)

　　注意: 由于 R Commander 中文版的兼容性问题，为了图 5.12 中的"条形图"对话框能正常工作，请在"选项"选项卡中指定各个选项的内容，例如 x 轴标签为 **education**，y 轴标签为 **Frequency**，图形标题保持空白。

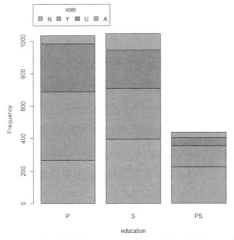

图 5.13 全民投票数据中 **education** 的条形图，条形按 **vote** 划分

总体投票意向显示在图 5.14 所示的饼图中。"饼图"对话框(文中未显示)可以很容易地从变量中选择一个因子，还可以选择性提供轴标签和图形标题。

vote

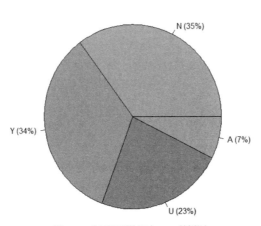

图 5.14 全民投票数据中 **vote** 的饼图

5.4　绘制关系图

"绘图"菜单中还有一些菜单项可用于绘制变量之间的关系图，包括散点图、散布矩阵图、3D 散点图(用于数值变量)、折线图(通常用于时间序列数据)、按一个或多个因子分类的数值变量的平均数图、条状图(类似于条件点图，在5.3.1 节中讨论)和 XY 条件式关系图(其能够表示一个或多个数值反应变量与数值和因子解释变量之间的关系)。[1]这里将集中讨论针对两个数值变量的散点图、针对几个数值变量的散布矩阵图、针对 3 个数值变量的 3D 散点图，以及按一个或两个因子分类的数值变量的平均数图。

此外，如前所述，5.3.1 节中讨论的某些分布图可用于检查数值反应变量和因子之间的关系。这些包括点图、直方图、茎叶图(具有二分因子)和箱线图。

5.4.1　简单的散点图

为说明散点图、散布矩阵图和 3D 散点图的构造，我们将回到先前读取的 **Prestige** 数据集中的加拿大职业声望数据。从 R Commander 菜单中选择"绘图" | "散点图..."，将弹出图 5.15 所示的对话框。如图所示，对话框中有很多选项，现在将描述其中的一些选项。在"数据"选项卡中，选择 **income**(称为解释变量)作为 x 变量并选择 **prestige**(反应变量)作为 y 变量。"选项"选项卡中的所有选项保留默认值，单击"应用"按钮以绘制图 5.16 所示的简单散点图。职业声望显然随着收入的增加而增加，但这种关系是非线性的，当收入增加到一定程度时，职业声望反而会下降。

注意：由于 R Commander 中文版的兼容性问题，为了图 5.15 中的"散点图"对话框能正常工作，请在"数据"和"选项"选项卡中指定各个选项的内容，例如子样本选取的条件保持空白，x 轴标签为 **income**，y 轴标签为 **prestige**，图形标题保持空白，绘图字符为 **5**。

1　条状图和 XY 条件式关系图的 R Commander 对话框最初是由 Richard Heiberger 贡献的。

图 5.15　"散点图"对话框中的"数据"选项卡(上)和"选项"选项卡(下)

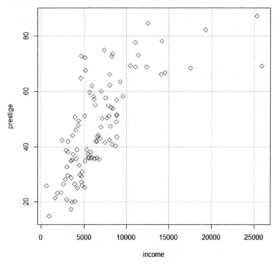

图 5.16   **Prestige** 数据中 **prestige** 与 **income** 的简单散点图

5.4.2   增强型散点图*

要绘制如图 5.17 所示的增强型散点图，可单击"数据"选项卡中的"按变量分组绘制..."按钮；由于 **type** 是数据集中的唯一因子，因此在弹出的"分组"子对话框中预先选择了它。该子对话框中还有用于按组绘制线条的复选框，默认情况下处于选中状态。在"选项"选项卡中，选中"最小二乘线""平滑线"和"绘制置信椭圆"复选框。将"图例位置"从默认的"图表上方"更改为"底部右侧"。

平滑线是由称为 loess 的非参数回归方法产生的，loess 是 loss regression(局部回归)的首字母缩写，它跟踪 y 的平均值如何随 x 变化，而无须假设 y 和 x 之间的关系采用特定形式。loess 平滑幅度是用于计算每个平滑值的数据的百分比，即幅度越大，产生的 loess 回归越平滑。默认幅度是 50%，由于每个职业 **type** 水平的案例数量很少，因此这里将该值增加到 100%。通常，要选择产生合理平滑回归的最小幅度，该值可以通过试错确定。每次调整"平滑幅度"滑块时，请在对话框中单击"应用"按钮，以观察效果。

置信椭圆是点的变化和相关结构的反映。对于双变量正态分布的数据，置信椭圆包含数据的特定部分，默认情况下分别为 50% 和 90%，以减少离群值的影响，使得椭圆的计算更稳健。为避免图形过于混乱，这里将"置信椭圆水平"设置为 0.5，以便为每种职业 **type** 仅绘制一个椭圆。

图 5.17 中的散点图表明，**prestige** 与 **income** 之间的明显非线性关系是由于职业 **type** 引起的：在 **type** 的水平内，该关系是合理的线性关系，但斜率在各个水平之间是不同的。

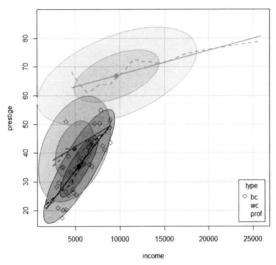

图 5.17　按职业 **type** 划分的 **prestige** 与 **income** 的增强型散点图，显示了 50% 的置信椭圆水平、最小二乘线和 loess 线

5.4.3　散点图矩阵

散点图矩阵显示几个数值变量之间的成对关系；它是相关性矩阵的图形模拟。如图 5.18 所示，"散点图矩阵"对话框在大多数方面与"散点图"对话框相似。这里在"数据"选项卡中选择几个变量并将"选项"选项卡中的所有选项保留为默认值。图 5.19 中生成的散点图矩阵中的每个非对角线面板显示了两个变量的成对散点图，而对角线面板则显示了变量的边际分布。例如，第一行的图中 **education** 在垂直轴上，而第一列的图中 **education** 在水平轴上，并且类似地，图中的其他变量也是如此。因此，第二行第一列的散点图中 **income** 在

垂直轴上，**education** 在水平轴上。

注意： 由于 R Commander 中文版的兼容性问题，为了图 5.18 中的"散点图矩阵"对话框能正常工作，请在"数据"和"选项"选项卡中指定各个选项的内容，例如子样本选取的条件保持空白，图形标题也保持空白。

图 5.18　"散点图矩阵"对话框中的"数据"选项卡(上)和"选项"选项卡(下)

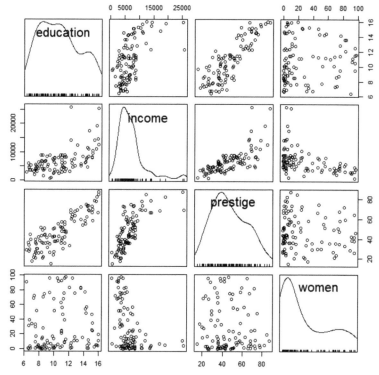

图 5.19　Prestige 数据集中 education、income、prestige 和 women 的默认散点图矩阵

5.4.4　散点图和散点图矩阵中的点识别

"散点图"和"散点图矩阵"对话框都提供了自动识别值得注意的案例的选项。自动点识别使用稳健的方法在每个散点图中找到最不寻常的点以及由用户设置的要识别的点数。

"散点图"对话框还支持交互式点识别，通过指定"选项"选项卡中的相应单选按钮来选择。在 Windows 或 Linux/UNIX 下，交互式点识别显示一个消息框，内容为"使用鼠标左键识别点，右键退出"；在 Mac OS X 下，消息显示为"使用鼠标左键识别点，esc 键退出"。在任一情况下，单击 OK 按钮都可关闭消息框。在所有操作系统上，当光标位于散点图上时，它会变成"十字准线"。如果在一个点附近单击，会用相应案例的行名称标记该点。

　　为生成图 5.20，可使用"散点图"对话框绘制 **income**(在 y 轴上) 与 **education**(在 x 轴上)的关系，选中"使用鼠标互动识别观测值"单选按钮。在图示的两个点附近单击，它们被标识为 **general.managers** 和 **physicians**。顺便说一句，如果采用自动点识别，这些正是要被准确标识的两个点。

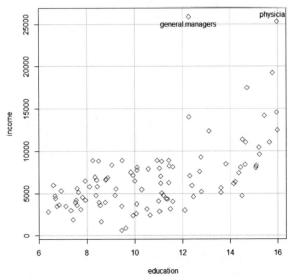

图 5.20　**Prestige** 数据集中 **education** 和 **income** 的散点图，其中两个点通过鼠标单击进行交互识别

　　关于交互式点识别有两点要牢记。

- 必须先退出点识别模式，然后才能在 R Commander 中进行任何其他操作。如果忘记退出，R Commander 会没有响应。
- 使用交互式点识别的散点图不会出现在 R Commander 生成的 R Markdown 文档中(参见 3.6 节)。然而，就像示例中所演示的那样，自动点识别通常会工作流畅。

5.4.5　3D 散点图*

　　通过从 R Commander 菜单中选择"绘图"|"3D 绘图"|"3D 散点图…"打开如图 5.21 所示的对话框，可以绘制针对 3 个数值变量的动态 3D 散点图。"3D 散点图"对话框的结构与"散点图"对话框非常相似。

图 5.21 "3D 散点图"对话框中的"数据"选项卡(上)和"选项"选项卡(下)

在"数据"选项卡中，选择两个数值解释变量(**education** 和 **income**)，以及一个数值反应变量 **prestige**。就像在 2D 散点图中一样，我可以(但没有)使用因子 **type** 按组进行绘图——例如，对 **type** 的不同水平的点使用不同的颜色。

除了"选项"选项卡中的默认选择，还选择绘制最小二乘回归平面、二次最小二乘曲面适配和可加非参数回归，这允许 **prestige** 与 **education** 和 **income** 之间的非线性部分关系；这些项的自由度类似于 2D loess 平滑器的幅度：较小的 df 会产生更平滑的数据拟合，此处保留自动选择 df。集中椭圆(未选择)是 2D

集中椭圆的 3D 类似物。我还选择自动识别 2 个点。[1]

注意： 由于 R Commander 中文版的兼容性问题，为了图 5.21 中的 "3D 散点图" 对话框能正常工作，请在 "选项" 选项卡中指定各个选项的内容，例如自由度为空白，自由度(各项)也为空白。

单击 OK 按钮会生成图 5.22 所示的 3D 散点图，它出现在 RGL 设备窗口中。[2]图中的数据点由小球体表示。静态图像不适合 3D 动态绘图，可以在 RGL 设备窗口中对其进行如此操作：单击并拖动允许旋转绘图(实际上是抓取到围绕数据的不可见球体)，同时右击并拖动可更改视角。

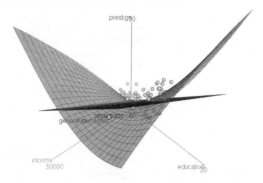

图 5.22   **Prestige** 数据集中 **education**、**income** 和 **prestige** 的 3D 散点图，显示最小二乘平面和二次最小二乘曲面。数据点是小球体，其中两个点(**general.managers** 和 **physicians**)是通过鼠标交互标记的

5.4.6   绘制平均数

通过 "绘图" | "平均数图..." 菜单打开的 "绘制平均数" 对话框将数值变量的平均数显示为一个或两个因子的函数。例如，回到 **Adler** 实验者期望数据(在

---

1   3D 中的交互式点识别的工作方式与 2D 散点图中的不同：右击并在要识别的一个或多个点周围拖动一个框，根据需要重复此过程多次。要退出点识别模式，必须右击图中没有点的区域。可以通过选中 "3D 散点图" 对话框的 "选项" 选项卡中的相应复选框来交互识别点；或者在绘制 3D 散点图后，通过从 R Commander 菜单中选择 "绘图" | "3D 绘图" | "用鼠标识别观测值"。

2   R Commander 使用 **car** 程序包中的 **scatter3d** 函数来绘制 3D 散点图。**scatter3d** 接着使用 **rgl** 包[1]提供的工具来构建 3D 动态图。

5.1 节中介绍)，在 R Commander 中载入为使用中的数据集。"绘制平均数"对话框如图 5.23 所示。在"数据"选项卡中，选择因子 **expectation** 和 **instruction**，反应变量 **rating** 是预选的，因为它是数据集中唯一的数值变量；保留"选项"选项卡中所有的默认选项。

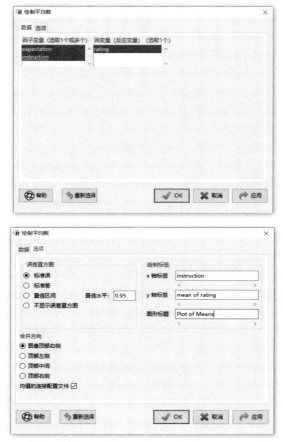

图 5.23　"绘制平均数"对话框中的"数据"选项卡(上)和"选项"选项卡(下)

注意： 由于 R Commander 中文版的兼容性问题，为了图 5.23 中的"绘制平均数"对话框能正常工作，请在"选项"选项卡中指定各个选项的内容，例如 x 轴标签为 **instruction**，y 轴标签为 **mean of rating**，图形标题为 **Plot of Means**。

单击 OK 按钮会生成图 5.24 所示的图形，其中误差线代表平均数两侧的±1 个标准误差。显然，指导受试者获得"好的"数据会产生与预期一致的偏差，而指导受试者获得"科学的"数据或不提供指导的会产生相反方向的较小偏差。

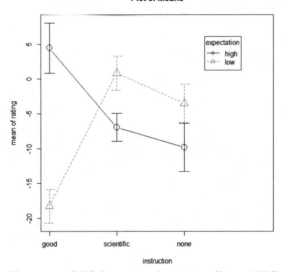

图 5.24   **Adler** 数据集中 **instruction** 和 **expectation** 的 **rating** 平均数

第6章
简单的统计检验

本章介绍如何执行平均数、比例和方差的简单的统计假设检验(并计算置信区间),以及简单的非参数检验、正态性检验和相关性检验。

6.1 平均数检验

R Commander 的"统计量"|"平均数"菜单(见图 A.4)包括用于检验单个平均数、独立样本平均数之间的差异、匹配(成对)样本平均数之间的差异的菜单项以及单因素(因子)和多因素(因子)方差分析(ANOVA)等菜单项。成对检验比较使用中数据集中两个变量的平均数(假定是在相同的尺度上计算的)。

6.1.1 独立样本的平均数差异 T 检验

用于检验单个平均值和两个平均值之间差异的对话框是相似的,因此这里将采用独立样本 T 检验进行说明,使用 **carData** 程序包中的 **Guyer** 数据集。首先通过"数据"|"R 程序包的附带数据集"|"读取指定程序包中附带的数据集..."菜单项读取数据(如 4.2.4 节所述)。

Guyer 数据集取自 Fox 和 Guyer 所做的实验[26],其中有 20 个四人组,每组进行 30 次"囚徒困境"博弈试验。在实验的每个回合中,小组中的组员可以做出"合作"或"竞争"的选择,数据集中的反应变量 **cooperation** 是在实验过程中每组做出的 120 个选择中选择"合作"的数量。

按照安排随机抽取 10 个组，规定他们的选择是"公开的"；也就是说，每个人在每个回合试验中的选择对其他组的成员都是公开的。而其他 10 个组是匿名做出选择的，所以这些小组成员只知道在每个回合试验中选择的"合作"和"竞争"的数量，而不知道具体是谁选的。因子 **cooperation** 记录了每个小组的安排是 P(公开选择)或 A(匿名选择)。[1]

以 **Guyer** 作为使用中的数据集，选择"统计量"|"平均数"|"独立样本 T 检验"菜单项来打开如图 6.1 所示的对话框。"数据"选项卡的"群组"列表框中显示数据集中的两个因子，这里选择 **condition**。"因变量(反应变量)"列表框包括使用中的数据集中的数值变量；由于只有一个数值变量 **cooperation**，因此它是预先选定的。在此示例中，要比较的两组中有相同数量的案例(每组 10 个)，但对于平均数差异 T 检验来说，相同的样本量不是必需的。

图 6.1   "独立样本 T 检验"对话框(显示"数据"和"选项"选项卡)

condition 的水平是按默认字母顺序排列的，因此"选项"选项卡显示：平均数差异将计算为 A - P，即匿名组的平均数减去公共组的平均数($\bar{x}_A - \bar{x}_P$)。因为预期在公开选择的条件下会有更高的 **cooperation** 值，所以我选择了一个方向性备择假设，即匿名和公开选择条件之间的"样本"平均数的差小于 0(负值)，也就是 $H_{\text{anonymous}}$：$\mu_{\text{anonymous}} - \mu_{\text{public}} < 0$。默认的备择假设是双边备择假设，即 $H_{\text{anonymous}}$：$\mu_{\text{anonymous}} - \mu_{\text{public}} = 0$。这里保留其他选项的默认值：95%的置信区间，且不假设两组的方差相等。

---

1 **Guyer** 数据集中通过第三个变量 **sex** 来表示每个组的性别构成，其中一半的组由女性(编码为 F)组成，另一半组由男性(编码为 M)组成。这个因子不会出现在本节所做的 T 检验中，但读者可以对 **Guyer** 数据进行双因子方差分析，如 6.1.3 节所述。

由于备择假设是有方向性的，因此本对话框调用的 **t.test** 命令还计算了平均数差异的单边置信区间。[1]因为没有假定分组方差相等，所以 **t.test** 使用单独的分组标准偏差去计算平均数差异的标准误差，并通过 Welch–Satterthwaite 公式去近似圆整本检验的自由度[34]。

图 6.2 是输出的结果，表明公开组中选择合作的平均数量($\overline{x}_\text{P}$ = 55.7) 确实高于匿名组($\overline{x}_\text{A}$ = 40.9)，并且这种差异在统计上是显著的(p = 0.0088，单边)。**t.test** 函数的结果没有两组的标准差，但它们很容易通过"统计量"|"总结"|"数据总结…"菜单项(如 5.1 节所述)计算得到：s_P = 14.85 和 s_A = 9.42。

```
> t.test(cooperation~condition, alternative='less', conf.level=.95,
+   var.equal=FALSE, data=Guyer)

        Welch Two Sample t-test

data:  cooperation by condition
t = -2.6615, df = 15.237, p-value = 0.0088
alternative hypothesis: true difference in means between group anonymous and group public is less than 0
95 percent confidence interval:
      -Inf -5.061611
sample estimates:
mean in group anonymous     mean in group public
                   40.9                     55.7
```

图 6.2　**Guyer** 数据集中按 **condition** 对 **cooperation** 数据进行的单边独立样本的平均数差异 T 检验

平均数差异 T 检验假设反应变量在组内的"样本"中呈正态分布，并且由于 **Guyer** 数据集中的样本量很小，因此会让人担心分布是否会偏斜或是否会有异常值。为进行检查，可以按 **condition** 绘制对于 **cooperation** 的背靠背茎叶图，从 R Commander 菜单中选择"绘图"|"茎叶图…"(参见 5.3.1 节)，在对话框中采用所有默认设置值(背靠背绘图除外，须选取分组变量为 **condition**)，并产生如图 6.3 所示的结果。这里没有明显的问题，尽管很明显的是：公开组的值比匿名组的值变化更大。在执行 T 检验之前先检查数据确实更明智。

1　单边置信区间的下界必定为-∞。如果读者不熟悉单边置信区间，在进行单边检验时，可以简单地忽略实验报告的置信区间。

```
> with(Guyer, stem.leaf.backback(cooperation[condition == "anonymous"],
+    cooperation[condition == "public"], na.rm=TRUE))

  1 | 2: represents 12, leaf unit: 1
cooperation[condition == "anonymous"]
                    cooperation[condition == "public"]
_____
          |  2* |
  1      /|  2. |9         1
  3     40|  3* |
  4      9|  3. |7         2
 (4)   4410|  4* |
          |  4. |9         3
  2      2|  5* |24       (2)
  1      8|  5. |
          |  6* |144      (3)
          |  6. |8         2
          |  7* |
          |  7. |9         1
          |  8* |
_____
n:       10        10
```

图 6.3   按 **condition** 绘制对于 **cooperation** 的背靠背茎叶图(左侧是匿名组，右侧是公开组)

6.1.2   单因素(因子)方差分析

我们可以对几个独立样本的平均数之间的差异进行单因素(因子)方差分析检验。为说明这一点，这里将使用来自 Friendly 和 Franklin 所做的记忆实验[30]的数据。实验中的受试者会收到一份 40 个单词的列表，要求他们记住这些单词。在完成一项分散注意力的任务后，让受试者在 5 次测试中的每一次都尽可能多地回忆起单词。30 名受试者被随机分配到 3 个实验条件之一，每个条件下 10人，具体是：①在标准的自由回忆条件下，单词在每次测试中以随机顺序呈现；②在参照前一测试结果的条件下，对于前一轮测试中记住的单词，按照顺序在本轮呈现给受试者，然后加上忘记的单词；③在顺序匹配条件下，记住的单词也按照它们之前被记住的顺序呈现，但与忘记的单词混在一起。与前面的 T检验示例一样，分组中的案例数相同(此处为三组)，但 R Commander 中的单因素(因子)ANOVA 过程也可以处理不相等的样本量。

来自 Friendly 和 Franklin 实验的数据在 **carData** 程序包的 **Friendly** 数据集中。[1]
该数据集由变量 **correct** 和因子 **condition** 组成；**correct** 给出在实验的最后一轮
中正确记住的单词数(总数为 40)，而 **condition** 具有 Before、Meshed 和 SFR 等 3
个值。使用通常的方法(参见 4.2.4 节)读取 **Friendly** 数据集，使其成为 R
Commander 中的使用中的数据集。

图6.4 上边一幅的数据点图(参见 5.3.1 节)表明，三组中的点分布非常不同，
并且 Before 组中的数据呈负偏斜，至少部分是由于"天花板效应"，10 名受试
者中的 6 名记忆了 39 或 40 个单词。这可能是有问题的，因为方差分析假设在
方差相等时样本具有正态分布。

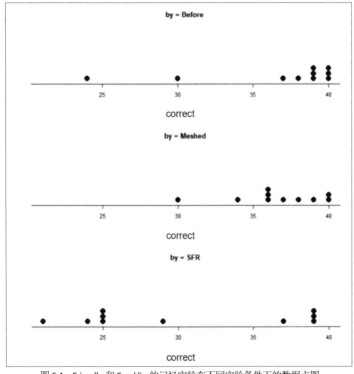

图 6.4　Friendly 和 Franklin 的记忆实验在不同实验条件下的数据点图

1　感谢约克大学的 Michael Friendly 提供数据。

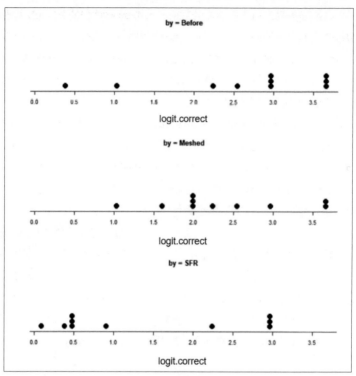

图 6.4(续)

通过使用"计算新变量…"对话框(参见 4.4.2 节)，可以将变量 **logit.correct** 添加到数据集中——对正确记忆的单词数的比例进行 logit 变换，即计算 logit(correct/40)。[1]图 6.4 下边一幅经变换后的数据点图显示，三组中的分布已大致均衡。

---

1 读者可能不熟悉 logit 变换，它被定义为概率的对数。也就是说，如果 p 是回答正确的比例(即回答正确的计数除以总数 40)，则回答正确的概率是 `p/(1 - p)`(回答正确的比例除以回答错误的比例)，log-odds 或 logit 为 `log[p/(1-p)]`。logit 用来改进接近 0 或 1 的比例的分布表示。例如这里，当 p 的某些值等于 0 或 1 时，logit 是无法定义的。用于计算 **logit.correct** 的 logit 函数(来自 **car** 程序包)在计算 logit 之前将这些极端比例值略微远离 0 或 1，如 R Commander 的"信息"窗格中显示的警告所示。一般来说，不要关心 logit 变换的细节。我们的目的只是使数据更符合单因素方差分析的假设。

完成这项初步工作后，从 R Commander 菜单中选择"统计量"|"平均数"|"单因素(因子)方差分析(One-way ANOVA)…"，打开图 6.5 所示的对话框。"群组"中的变量 **condition** 是预先选择的，因为数据集中只有一个因子。在"因变量"中选择 **logit.correct** 并选中"成对平均数比较"复选框。单击 OK 按钮会产生如图 6.6 和图 6.7 的信息输出以及图 6.8 所示的图形。[1]

图 6.5　"单因素方差分析"对话框

```
> AnovaModel.1 <- aov(logit.correct ~ condition, data=Friendly)

> summary(AnovaModel.1)
            Df Sum Sq Mean Sq F value Pr(>F)
condition    2   8.22   4.110   3.528 0.0435 *
Residuals   27  31.46   1.165
---
Signif. codes:  0 '***' 0.001 '**' 0.01 '*' 0.05 '.' 0.1 ' ' 1

> with(Friendly, numSummary(logit.correct, groups=condition,
+   statistics=c("mean", "sd")))
           mean        sd data:n
Before 2.611010 1.1205637     10
Meshed 2.370046 0.8537308     10
SFR    1.399897 1.2290825     10
```

图 6.6　Friendly 和 Franklin 的记忆实验的单因素方差分析输出，因变量为正确记忆的单词数的 logit 变换。输出包括方差分析表、平均数、标准差和计数

1　仔细阅读本章示例的读者会注意到，除了信息输出和图形输出外，"单因素方差分析"对话框还生成了一个名为 **AnovaModel.1** 的统计模型，它成为 R Commander 中的使用中的模型。将在下一节中讨论的"多因素方差分析"对话框也是如此。可以通过"模型"菜单操作使用中的模型。R Commander 中统计模型的处理是第 7 章的主题。

```
> local({
+    .Pairs <- glht(AnovaModel.1, linfct = mcp(condition = "Tukey"))
+    print(summary(.Pairs)) # pairwise tests
+    print(confint(.Pairs, level=0.95)) # confidence intervals
+    print(cld(.Pairs, level=0.05)) # compact letter display
+    old.oma <- par(oma=c(0, 5, 0, 0))
+    plot(confint(.Pairs))
+    par(old.oma)
+ })

         Simultaneous Tests for General Linear Hypotheses

Multiple Comparisons of Means: Tukey Contrasts


Fit: aov(formula = logit.correct ~ condition, data = Friendly)

Linear Hypotheses:
                    Estimate Std. Error t value Pr(>|t|)
Meshed - Before == 0  -0.2410     0.4827  -0.499   0.8723
SFR - Before == 0     -1.2111     0.4827  -2.509   0.0469 *
SFR - Meshed == 0     -0.9701     0.4827  -2.010   0.1292
---
Signif. codes:  0 '***' 0.001 '**' 0.01 '*' 0.05 '.' 0.1 ' ' 1
(Adjusted p values reported -- single-step method)


         Simultaneous Confidence Intervals

Multiple Comparisons of Means: Tukey Contrasts


Fit: aov(formula = logit.correct ~ condition, data = Friendly)

Quantile = 2.4777
95% family-wise confidence level


Linear Hypotheses:
                    Estimate      lwr      upr
Meshed - Before == 0 -0.24096 -1.43696  0.95503
SFR - Before == 0    -1.21111 -2.40711 -0.01512
SFR - Meshed == 0    -0.97015 -2.16615  0.22585

Before Meshed    SFR
   "b"    "ab"   "a"
```

图 6.7   Friendly 和 Franklin 的记忆实验的单因素方差分析输出：分组平均数的成对比较

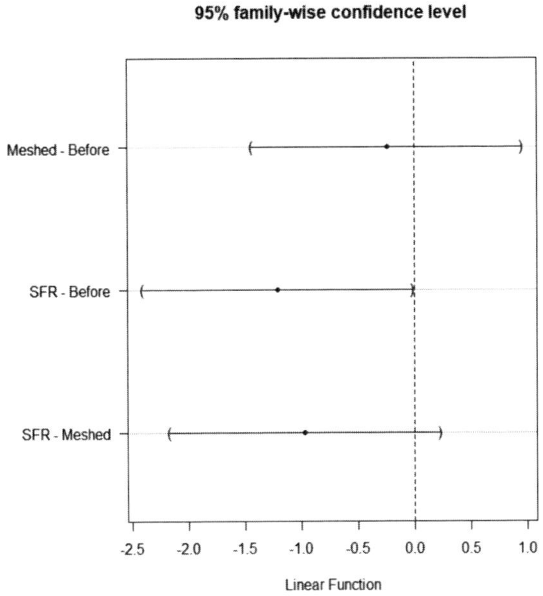

图 6.8　同步置信区间下来自 Friendly 和 Franklin 记忆实验的分组平均数的成对比较，因变量(反应变量)为正确记忆单词数的 logit 变换

　　如图 6.4 中的点图所示，Before 条件下记忆单词的平均数 logit 值最大，Meshed 条件下几乎与前者一样高，SFR 条件下值最低，而三组的 logit 标准差相似。平均数之间的差异几乎没有统计学意义，因为单因素方差分析中 p = 0.0435。

　　可使用 Tukey 的"诚实显著差异"(HSD)程序[45]调整三组平均数之间的成对比较以进行同步推理。其结果显示为假设检验和同步置信区间下成对平均数的差异，后者如图 6.8 所示。唯一证明具有统计学意义的成对比较是 SFR 和 Before 之间的比较(p = 0.0469)。[1]

6.1.3　双因素(因子)和多因素(因子)方差分析

　　5.1 节中引用了 Adler 进行的一项心理学研究中关于实验者效应的数据。简

1　因为 Friendly 和 Franklin 预计 Before 和 Meshed 条件下的记忆率比 SFR 条件下更高，因此将相应的成对比较的 p 值减半可以说是合理的。

单地说，实验方法为表面上的"研究助手"(研究的实际受试者)被随机分配到 3 个实验条件中，并被不同程度地指示收集"好的数据""科学的数据"或不给任何指示。研究助手向受试者展示照片，要求他们对照片中的人看上去的"成功"程度进行评分，并且助手还被随机告知期望评分低一些或高一些。实验数据在 **carData** 程序包的 **Adler** 数据集中，现在读入 R Commander 中。数据集包含实验操作因子 **instruction** 和 **expectation**，以及数值反应变量 **rating**(它们是由每个助手通过实验得到的平均评分)。

图 5.5 显示了按 **instruction** 和 **expectation** 两个因子的水平组合得出的平均评分的数值摘要，图 5.24 绘制出了平均数。平均数的变化规律表明 **instruction** 和 **expectation** 之间存在交互作用：当助手被要求收集"好的"数据时，那些抱有高期望的助手收集到的看上去成功的样本数会高于那些抱有低期望的助手；对于那些被告知收集"科学的"数据或没有给出指示的助手来说，这种变换规律被颠倒了，好像这些助手竭尽全力以避免偏见，却产生了相反方向的偏见。

为计算 **Adler** 数据的双因素方差分析，可选择"统计量" | "平均数" | "多因素(因子)方差分析(Multi-way ANOVA)…"菜单，打开图 6.9[1]所示的对话框。因变量 **rating** 是预选的；按住 Ctrl 键单击因子变量 **expectation** 和 **instruction** 以全选它们，然后单击 OK 按钮，得到图 6.10 所示的双因素方差分析输出，包括方差分析表、[2]单元平均数、标准差和计数。[3]**expectation** 和 **instruction** 之间的交互作用证明具有高度统计学意义($p = 1.6 \times 10^{-7}$)。

图 6.9 "多因子方差分析"对话框

---

1 通过选择两个以上的因子，可以使用相同的对话框进行多因素方差分析。

2 技术说明：由于 **Adler** 数据不平衡，单元计数不等，因此执行方差分析的方法不止一种，"多因子方差分析"对话框会生成所谓的"II 型"检验。替代的检验可通过"模型| "假设检验" | "方差分析(ANOVA)表…"菜单获得。有关这一点的讨论参见 7.7 节。

3 平均数和标准差表与图 5.5 中所示的内容重复。

```
> AnovaModel.2 <- lm(rating ~ expectation*instruction, data=Adler,
+   contrasts=list(expectation ="contr.Sum", instruction ="contr.Sum"))

> Anova(AnovaModel.2)
Anova Table (Type II tests)

Response: rating
                        Sum Sq  Df  F value     Pr(>F)
expectation              222.5   1   1.5238     0.2199
instruction              336.1   2   1.1512     0.3203
expectation:instruction 5329.7   2  18.2542 0.0000001672 ***
Residuals              14890.5 102
---
Signif. codes:  0 '***' 0.001 '**' 0.01 '*' 0.05 '.' 0.1 ' ' 1
> Tapply(rating ~ expectation + instruction, mean, na.action=na.omit,
+   data=Adler) # means
            instruction
expectation      good      none scientific
       high  4.444444 -9.833333 -6.9444444
       low -18.277778 -3.500000  0.8333333

> Tapply(rating ~ expectation + instruction, sd, na.action=na.omit,
+   data=Adler) # std. deviations
          instruction
expectation     good      none scientific
       high 15.40138 14.72193   8.446874
       low  10.30023 11.62781  10.455789

> xtabs(~ expectation + instruction, data=Adler) # counts
          instruction
expectation good none scientific
       high   18   18         18
       low    18   18         18
```

图 6.10　**Adler** 数据的双因素(因子)方差分析输出：方差分析表、单元平均数、标准差和计数

6.2　比例检验

"统计量"|"比例"菜单(见图 A.4)包括用于单一样本和双样本比例检验的菜单项。它们打开的两个对话框都很简单，并且基本上类似于平均数的相应对话框。

这里使用 **carData** 程序包中的 **Chile** 数据集(在 5.3.2 节中介绍)来说明一个比例的单一样本检验。在投票结果中，反对方在公民投票中占了上风，获得了 56% 的选票。

在接受调查的 2700 名选民中，889 人表示他们计划投反对票(在 **Chile** 数据

集中的代码为 N)，868 人表示他们计划投赞成票(代码为 Y)；在其余的受访者中，588 人表示他们还未决定(即 U)、187 人计划弃权(即 A)、168 人没有回答问题(即 NA)。在以通常的方式读入 **Chile** 数据集后，通过将 **vote** 重新编码为两水平因子，保留变量名称为 **vote**，并使用重新编码指令"Y"="yes"、"N"="no"以及 else = NA(见 4.4.1 节)来开始分析。

选择"统计量"|"比例"|"单一样本比例检验..."菜单可打开如图 6.11 所示的对话框。在"数据"选项卡中选择 **vote**，并将"选项"选项卡中的所有值保留为默认值。特别是，总体比例为 0.5 的默认的零假设在公民投票前的民意调查中是有意义的。

图 6.11　带有"数据"和"选项"选项卡的"单样本比例检验"对话框

单击 OK 按钮生成一个检验，如图 6.12 上部所示，它基于二项式分布的正态近似。为进行比较，这里还显示了精确二项式检验的输出(在图 6.12 下部)，通过在"单样本比例检验"对话框中选择相应的单选按钮获得。比例检验的结果针对两水平因子 **vote** 的 no 水平，因为该水平按字母顺序排在第一位。由于样本量较大且样本比例接近 0.5，因此即使不使用连续性校正(其选项也在对话框中)，二项式的正态近似也非常准确。在样本比例 $\hat{p}_{no} = 0.506$ 的情况下，不能拒绝零假设，其中 p 值 = 0.63(通过精确检验)。像这样的调查结果会激励公民在投反对票时更团结和努力。

```
> local({
+   .Table <- xtabs(~ vote , data= Chile )
+   cat("\nFrequency counts (test is for first level):\n")
+   print(.Table)
+   prop.test(rbind(.Table), alternative='two.sided', p=.5, conf.level=.95,
+   correct=FALSE)
+ })

Frequency counts (test is for first level):
vote
 no yes
889 868

        1-sample proportions test without continuity correction

data:  rbind(.Table), null probability 0.5
X-squared = 0.251, df = 1, p-value = 0.6164
alternative hypothesis: true p is not equal to 0.5
95 percent confidence interval:
 0.4826109 0.5293152
sample estimates:
        p
0.5059761
```

```
> local({
+   .Table <- xtabs(~ vote , data= Chile )
+   cat("\nFrequency counts (test is for first level):\n")
+   print(.Table)
+   binom.test(rbind(.Table), alternative='two.sided', p=.5, conf.level=.95)
+ })

Frequency counts (test is for first level):
vote
 no yes
889 868

        Exact binomial test

data:  rbind(.Table)
number of successes = 889, number of trials = 1757, p-value = 0.6333
alternative hypothesis: true probability of success is not equal to 0.5
95 percent confidence interval:
 0.4823204 0.5296118
sample estimates:
probability of success
             0.5059761
```

图 6.12   单样本比例检验：二项式的正态近似(上)和精确二项检验(下)

基于二项式的正态近似，**prop.test** 函数会输出一个自由度的卡方检验统计量(标记为 X-squared)。更常见的是使用正态分布的检验统计量。

$$z = \frac{\widehat{p} - p_0}{\sqrt{p_0(1 - p_0) / n}}$$

其中 $\widehat{p}$ 是样本比例，p_0 是假设的总体比例(示例中为 0.5)，n 是样本大小。两个检验统计量之间的关系非常简单($X^2 = z^2$)，并且它们产生相同的 p 值(因为一个 df 上的卡方随机变量是标准正态随机变量的平方)。

6.3 方差检验

通常不建议将方差检验作为平均数检验的初步方法，但它们本身可能会引起人们的兴趣。"统计量" | "方差" 菜单(如图 A.4 所示)可用于两个方差之间差异的 F 检验、多个方差之间差异的 Bartlett 检验和多个方差之间差异的 Levene 检验。在这些检验中，Levene 检验在偏离正态性方面表现最为稳健，因此这里将用它来说明。回到 Friendly 和 Franklin 的记忆实验数据(在 6.1.2 节中介绍)，通过 R Commander 工具栏中的"数据集"按钮选择 **Friendly**，使其成为使用中的数据集。

"Levene 检验" 对话框如图 6.13 所示。因为 **Friendly** 数据集中只有一个因子，所以 **condition** 在对话框中被预先选中。更一般地，可以选择多个因子，这种情况下，分组由因子水平的组合定义。选择 **correct**(正确记住的单词数)作为因变量；之前已经计算了 **correct** 比例的 logit 变换，以平衡不同条件下的方差。保留中心规范值的默认值，以使用其两个选项中更为稳健的"中位数"。这些设置生成了图 6.14 中的输出，表明 3 个条件之间的变化差异不具备明显的统计学意义($p = 0.078$)。

图 6.13   "Levene 检验" 对话框，用于检验多个方差之间的差异

```
> leveneTest(correct ~ condition, data=Friendly, center="median")
Levene's Test for Homogeneity of Variance (center = "median")
      Df  F value  Pr(>F)
group  2   2.8078  0.07801  .
      27
---
Signif. codes:  0 '***' 0.001 '**' 0.01 '*' 0.05 '.' 0.1 ' ' 1
```

图 6.14   针对 Friendly 和 Franklin 的记忆实验中 3 个条件之间记忆的单词数量变化的差异进行的 Levene 检验

6.4　非参数检验

　　"统计量"|"非参数检验"菜单(见图 A.4)包含几个常见的非参数检验菜单项，即不对抽样总体作分布假设的检验。这些检验包括单样本、双样本和成对样本的 Wilcoxon 符号秩检验(也称为 Mann-Whitney 检验)，它们是单样本、双样本和成对样本的平均数 T 检验的非参数替代方法。Kruskal-Wallis 检验是单因子方差分析的非参数替代方案(并且是双样本 Wilcoxon 检验的泛化)。Friedman 秩和检验是匹配对检验在两个以上匹配值上的扩展，通常用于对个体进行重复测量。

　　R Commander 中的所有非参数检验对话框都非常简单。作为示例，这里对 Friendly 和 Franklin 的记忆实验数据进行 Kruskal-Wallis 检验。6.1.2 节中对实验中每个受试者正确记忆的单词数比例的 logit 进行了单因子方差分析。选择"统计量"|"非参数检验"|"Kruskal-Wallis 检验..."打开如图 6.15 所示的对话框。"群组"框中预先选择了因子 **condition**，这里选择 **correct** 作为因变量，得到图 6.16 所示的输出。Kruskal-Wallis 检验表明在 Friendly 和 Franklin 的记忆实验中条件之间的差异不具备明显的统计学意义($p = 0.075$)。

图 6.15　"Kruskal-Wallis 秩和检验"对话框

```
> Tapply(correct ~ condition, median, na.action=na.omit, data=Friendly)
+   # medians by group
Before Meshed   SFR
 39.0   36.5   27.0

> kruskal.test(correct ~ condition, data=Friendly)

        Kruskal-Wallis rank sum test

data:  correct by condition
Kruskal-Wallis chi-squared = 5.1817, df = 2, p-value = 0.07496
```

图 6.16　针对 Friendly 和 Franklin 的记忆实验中条件之间差异的 Kruskal-Wallis 检验

　　与参数化单因子方差分析相反，无论使用 **correct** 还是 **logit.correct** 作为因变量，都会得到结果完全相同的 Kruskal-Wallis 检验，因为 Kruskal-Wallis 检验是基于反应值的秩，而不是直接基于值本身。[1]

6.5　其他简单检验*

　　"统计量" | "总结" 菜单中包含两个用于简单统计检验的菜单项：Shapiro-Wilk 正态性检验和 Pearson 积矩和秩相关系数检验。这些检验适用于数值变量。这里将使用 4.2.3 节中介绍的包含在 **carData** 程序包中的 **Prestige** 数据集进行说明，像往常一样通过 "数据" | "R 程序包的附带数据集" | "读取指定程序包中附带的数据集…" 菜单来加载数据集。

　　图 5.10 中 **Prestige** 数据集中 **education** 的分布图表明该变量不是正态分布的：数据的直方图和密度图似乎有多种模式，正态分位数比较图显示出比正态分布更短的尾部。选择 "统计量" | "总结" | "正态分布检验…" 菜单会弹出图 6.17 所示的对话框。选择 **education** 并单击 OK 按钮，生成图 6.18 所示的输出。与正态分布的偏离具有高度统计学意义(p = 0.00068)。

图 6.17　"正态分布检验" 对话框

1　Kruskal-Wallis 检验结果也显示：根据使用的因变量，分组的中位数会不同。实际上这里基本原理没变动：logit 变换后数据的中位数是中位数的 logit(在本示例中，为偶数个数值计算中值时，由于插值而导致轻微偏移)。

```
> with(Prestige, shapiro.test(education))

        Shapiro-Wilk normality test

data:  education
W = 0.94958, p-value = 0.0006773
```

图 6.18　**Prestige** 数据集中 **education** 的 Shapiro-Wilk 正态分布检验的输出

图 5.16 中显示的 **Prestige** 数据集中 **prestige** 与 **education** 的散点图表明两个变量之间存在单调(严格增加)但非线性的关系。从 R Commander 菜单中选择"统计量"|"总结"|"相关性检验…"会打开图 6.19 所示的对话框。在"变量"列表框中选择 **education** 和 **income**，并且由于这两个变量之间的关系显然是非线性的，这里将检查变量之间的等级相关性而不是 Pearson 积矩相关性。数据中存在联系，因此选择 Kendall's tau 而不是"Spearman 等级"相关性。我预计 **education** 和 **income** 之间存在正相关，这反映在"备择假设"的选择上。单击 OK 按钮产生的输出(如图 6.20 所示)表明两个变量之间的正序数关系有显著的统计学意义($p = 5.5 \times 10^{-10}$，实际上相当于 0)；估计的 Kendall 相关系数为 $\hat{\tau} = 0.41$。

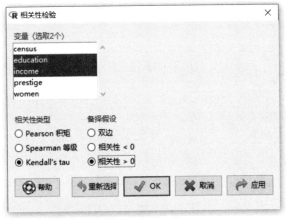

图 6.19　"相关性检验"对话框

```
> with(Prestige, cor.test(education, income, alternative="greater",
+   method="kendall"))

        Kendall's rank correlation tau

data:  education and income
z = 6.0952, p-value = 5.465e-10
alternative hypothesis: true tau is greater than 0
sample estimates:
     tau
0.409559
```

图 6.20   对 **Prestige** 数据集中 **education** 和 **income** 之间的序数关系的检验

第7章
拟合线性模型和广义线性模型

除了基本统计，各种回归模型是应用统计方法的核心。回归模型追踪反应(因)变量的分布(或该分布的一些关键特征，例如其均值)如何与一个或多个解释(自)变量的值相关。最小二乘线性回归通常在基础统计学课程中介绍，而对正态分布响应的线性统计模型和非正态分布响应的广义线性模型的教学通常是应用统计学第二门课程的主题[24, 27]。

本章将解释如何在 R Commander 中拟合线性和广义线性回归模型，以及如何在拟合数据后对回归模型执行额外的计算。通过将统计模型视为需要进一步计算的对象，R 鼓励一种统计建模风格，其中数据分析师与数据来回进行对话。正如本章将要展示的，R Commander 顺应了这个方向。

7.1 线性回归模型

如前所述，线性最小二乘回归通常在基础统计课程中介绍。正态线性回归模型如下所示。

$$y_i = \beta_0 + \beta_1 x_{1i} + \beta_2 x_{2i} + \cdots + \beta_k x_{ki} + \varepsilon_i$$
$$= E(y_i) + \varepsilon_i$$

(式 7.1)

其中 y_i 是 n 个独立采样观测值的第 i 个反应变量的值，$x_{1i}, x_{2i}, ..., x_{ki}$ 是 k 个解释变量的值。误差 ε_i 存在于均值为 0 且方差为常数的正态独立分布中，

$\varepsilon_i \sim \text{NID}(0, \sigma_\varepsilon^2)$。$y$ 和 x 都是数值变量，模型假设 y 的平均值 $E(y)$ 是一个线性函数，即 x 的简单加权和。[1]如果只有一个 x(即如果 $k = 1$)，则式 7.1 称为线性简单回归模型；如果有多于一个 x($k \geqslant 2$)，则称为线性多元回归模型。

正态线性模型通过最小二乘法进行最优估值，生成拟合模型。

$$y_i = b_0 + b_1 x_{1i} + b_2 x_{2i} + \cdots + b_k x_{ki} + e_i$$
$$= \hat{y}_i + e_i$$

其中 $\hat{y}_i$ 是拟合值，e_i 是观测值 i 的残差。最小二乘准则选择使残差平方和 $\sum e_i^2$ 最小的 b 的值。最小二乘回归系数很容易计算，并且除了在模型下具有理想的统计特性(例如效率和无偏)，基于最小二乘估值的统计推断非常简单(参见本章开头给出的参考文献)。

在 R Commander 中拟合线性回归模型的最简单方法是通过“线性回归”对话框。为进行说明，这里将使用 Duncan 的职业声望数据(在第 4 章中介绍过)。**Duncan** 数据集位于 **carData** 程序包中，因此可以通过“数据” | “R 程序包的附带数据集” | “读取指定程序包中附带的数据集...” (参见 4.2.4 节)菜单将数据读入 R Commander 中。然后选择“统计量” | “拟合模型” | “线性回归...”打开如图 7.1 所示的对话框。为完成对话框，单击“因变量”列表中的 **prestige**，然后按住 Ctrl 键单击“解释变量”列表中的 **education** 和 **income**。最后，单击 OK 按钮会产生如图 7.2 所示的输出。

图 7.1　“线性回归”对话框

1　如 7.2 节所述，式 7.1 也适用于更一般的线性模型，其中(一些)x 可能不是数值解释变量，而是代表因子的虚拟回归元、交互回归元、多项式回归元等。

```
> RegModel.1 <- lm(prestige~education+income, data=Duncan)

> summary(RegModel.1)

Call:
lm(formula = prestige ~ education + income, data = Duncan)

Residuals:
    Min      1Q  Median      3Q     Max
-29.538  -6.417   0.655   6.605  34.641

Coefficients:
            Estimate Std. Error t value Pr(>|t|)
(Intercept) -6.06466    4.27194  -1.420      0.163
education    0.54583    0.09825   5.555 0.00000173 ***
income       0.59873    0.11967   5.003 0.00001053 ***
---
Signif. codes:  0 '***' 0.001 '**' 0.01 '*' 0.05 '.' 0.1 ' ' 1

Residual standard error: 13.37 on 42 degrees of freedom
Multiple R-squared:  0.8282,  Adjusted R-squared:  0.82
F-statistic: 101.2 on 2 and 42 DF,  p-value: < 2.2e-16
```

图 7.2　**Duncan** 数据中 **prestige** 对 **income** 和 **education** 的回归输出

　　注意：由于 R Commander 中文版的兼容性问题，为了"线性回归"对话框能正常工作，请将"子样本选取的条件"框中的内容清空。

　　"线性回归"对话框生成的命令使用 R 中的 **lm**(线性模型)函数来拟合模型，创建 **RegModel.1**，然后汇总模型以生成信息输出。摘要输出包括有关残差分布的信息；系数估计值、它们的标准误差、用于检验每个总体回归系数为 0 的零假设的 t 统计量以及这些检验的双侧的 p 值；残差的标准差("残差标准误差")和残差自由度；模型的多重相关性平方 R^2 和根据自由度调整的 R^2；假设所有总体斜率系数(此处为 **education** 和 **income** 的系数)为 0(例如 H_0: $\beta_1 = \beta_2 = 0$)的综合 F 检验。

　　这差不多是标准的最小二乘回归输出，类似于几乎所有的统计程序包产生的信息输出。不寻常的是，除了图 7.2 中的信息输出，R Commander 创建并保留了一个"线性模型"对象，可以在其上执行进一步的计算，如本章后面所述。

　　R Commander 工具栏中的"模型"按钮现在显示为 **RegModel.1**，而不是会话开始时的<尚未使用任何模型>。正如可以通过单击工具栏中的"数据集"按钮去选择内存中的数据集(如果有多个)一样，也可以通过单击"模型"按钮在统计模型(如果有多个)中进行选择。同样，可以从 R Commander 菜单中选择"模型"|"选择使用的模型..."。此外，R Commander 负责协调数据集和模型，方

法是将每个统计模型与其拟合的数据集相关联。因此，如果选择了一个统计模型，就会使它拟合的数据集成为使用中的数据集。

图 7.1 所示的"线性回归"对话框中的变量列表仅包含数值变量。例如，**Duncan** 数据集中的因子 **type**(其水平有"bc" "wc"和"prof")不会出现在两个变量列表的任一个中。此外，所选择的解释变量线性地和可加地用在模型中。下一节中描述的"线性模型"对话框能够拟合更多种类的回归模型。

在完成图 7.1 所示的"线性回归"对话框时，我将模型的名称保留为默认名称 **RegModel.1**。R Commander 在会话期间自动生成唯一的模型名称，每次增加模型编号(此处为 1)。

这里将"子样本选取的条件"保留为空值。如果改为输入 `type == "bc"`，[1]则回归模型将仅适用于蓝领职业。在这个例子中，"子样本选取的条件"可以是一个逻辑表达式，为每个案例返回值 TRUE 或 FALSE(参见 4.4.2 节)，也可以是一个要包含的案例索引的向量，[2]或一个要排除的案例索引的负向量。例如，`1:25` 将包括前 25 个职业，而`-c(6, 16)`将排除 6～16 之间的职业。[3]R Commander 中的所有统计建模对话框都允许以这种方式指定案例的子集。

7.2 带有因子的线性模型*

与上一节中描述的"线性回归"对话框一样，"线性模型"对话框可以拟合可加的线性回归模型，但它更灵活。"线性模型"对话框包含对反应和解释变量、因子以及回归模型右侧的数值解释变量的变换，将解释变量的非线性函数表示为多项式和回归样条，以及解释变量之间的交互作用。所有这些都是通过允许用户将模型指定为"R 线性模型公式"来实现的。R 中的线性模型公式继承自 S 语言[9]，是最初由 Wilkinson 和 Rogers 引入的用于表达线性模型的符号版本[48]。

---

1 前面说过，必须使用双等号(==)来测试相等性(参见表 4.4)。
2 向量是一维数组，这里包含的是数字。
3 序列运算符(:)创建一个整数序列，因此`1:25`生成整数 1～25。`c`函数将其参数组合成一个向量，因此`-c(6, 16)`创建一个二元素向量，其包含数字`-6`和`16`。

7.2.1　线性模型公式

R 线性模型公式具有一般形式"反应变量~线性预测器"。线性模型公式中的波浪号(~)可以理解为"回归于"。因此，在这种一般形式中，反应变量在包含模型右侧项的线性预测器上进行回归。

模型公式左侧的反应变量是一个 R 表达式，用于计算模型中的数值反应变量，通常是反应变量的名称，例如 Duncan 回归中的 **prestige**。然而，也可以直接在模型公式中转换反应变量(如 log10(income))或将反应变量计算为更复杂的算术表达式(例如 log(investment.income + hourly.wage.rate *hours.worked))。[1]

模型公式右侧的线性预测器的公式化表述更为复杂。R 表达式中常见的算术运算符(+、-、*、/和^)在模型公式中具有特殊含义，运算符:(冒号)和%in%也是如此。数字 1 可用于表示模型公式中的回归常数(即截距)。然而，这通常是不必要的，因为默认情况下包含截距。句点(.)表示数据集中除反应变量之外的所有变量。括号可用于分组，就像在算术表达式中一样。

大多数情况下，能够仅使用运算符+(解释为"和")和*(解释为"交叉")来构建模型公式，因此将在此处强调这些运算符。这些和其他模型公式运算符的含义在表 7.1 中进行了总结和说明。特别是在第一次阅读时，可以随意忽略表中除+、:和*外的所有内容(并且":"也很少直接使用)。

有关公式的最后微妙之处在于，算术运算符在线性模型公式的右侧具有特殊含义。结果是不能直接将这些运算符用于算术。例如，拟合模型 savings ~ wages + interest + dividends 会为 **wages**、**interest** 和 **dividends** 中的每一个自变量估算一个单独的回归系数。但是，假设要估算这些自变量总和的单个系数，即将 3 个系数设置为彼此相等。解决方案是在对 I(恒等)函数的调用中"保护"+运算符，该函数简单地返回其原样不动的参数：[2]savings~ I(wages + interest + dividends)。这个公式可以如愿地工作，因为像+这样的算术运算符在公式右侧的函数调用中具有它们通常的含义。顺便说一

1　有关 R 表达式的信息参见 4.4.2 节，尤其是表 4.4。
2　R 函数的参数是调用函数时括号中给出的值；如果有多个参数，它们之间用逗号分隔。

句，`savings ~ log10(wages + interest + dividends)`也按预期工作，其估算 **wages**、**interest** 和 **dividends** 总和的以 10 为底的对数的单一系数。

表 7.1　R 线性模型公式右侧使用的运算符和其他符号

运算符	含义	示例	解释
+	和	`x1+x2`	x1 和 x2
:	交互	`x1:x2`	x1 和 x2 的交互
*	交叉	`x1*x2`	x1 和 x2 的交叉 (即 x1 + x2 + x1 : x2)
-	删除	`x1-1`	通过原点回归 (对于数值变量 x1)
^k	k 项交叉排序	`(x1 + x2 + x3)^2`	与 x1*x2+x1*x3+x2*x3 相同
%in%	嵌套	`province %in% country`	**province** 嵌套在 **country** 中
/	嵌套	`country/province`	与 country + province %in% country 相同

符号	含义	示例	解释
1	截距	`x1 - 1`	取消截距
.	除反应变量外的所有变量	`y ~ .`	在其他一切变量上回归 y
()	分组	`x1* (x2 + x3)`	与 x1* x2 + x1 * x3 相同

注：符号 x1、x2 和 x3 表示解释变量，可以是数字或因子。

7.2.2　边际原则

据 Nelder 的说法[35]，"边际原则"是制定和解释线性(和类似)统计模型的规则。根据边际原则，如果一个交互(如 x1:x2)被包含在一个线性模型中，那么主效应 x1 和 x2 也应该被包含在这个线性模型中，它们是交互的边际关系——也就是低阶相关性。类似地，低阶交互 x1:x2、x1:x3 和 x2:x3 是三向交互 x1: x2 : x3 的边际关系。回归常数(R 模型公式中的 1)与模型中的所有其他项边际相关。[1]

在大多数情况下，在 R 中很难制定违反边际原则的模型，并且试图这样做会产生意想不到的结果。例如，虽然模型 `y ~ f*x - x - 1`(其中 **f** 是一个因子，**x** 是一个数值解释变量[2])可能乍一看会因为去除回归常数和 **x** 斜率而违反边

---

[1] 正如 Nelder 所阐述的那样，边际原则比这种描述方法更深入、更普遍，但以这些简化的术语来考虑该原则将符合我们的目的。

[2] 有关如何在线性模型公式中处理因子的说明参见本节后面部分。

际原则，但 R 实际拟合该模型时，会包括因子 **f** 的每个水平的单独截距和斜率。因此，模型 `y ~ f*x - x - 1` 等效于 `y ~ f*x`(也就是替代的参数化)。避免使用这种不常见的模型公式几乎总是最好的选择。

7.2.3　使用加拿大职业声望数据的例子

为具体起见，这里将为加拿大职业声望数据(在 4.2.3 节中介绍并在表 4.2 中描述)制定几个线性模型，在 **income**、**education**、**women**(性别构成)和 **type**(职业类型)上回归 **prestige**。**type** 变量是一个因子(分类变量)，因而不能直接进入线性模型。当一个因子被包含在线性模型公式中时，R 生成"对比"，以表示比因子水平数少 1 的因子。我将在 7.2.4 节中更详细地解释它是如何工作的，但 R Commander(以及 R)中的默认值是使用 0/1 虚拟变量回归元(也称为"指示变量")。

加拿大职业声望数据的一个版本位于 **carData** 程序包的数据框 **Prestige** 中，[1] 通过"数据"|"R 程序包的附带数据集"|"读取指定程序包中附带的数据集..."菜单可以方便地从该来源将数据读入 R Commander 中。**Prestige** 取代 **Duncan** 成为使用中的数据集。

前面说过，**Prestige** 数据集的 102 个职业中有 4 个职业在职业类型中没有数值(NA)。因为会将几个回归模型拟合到 **Prestige** 数据，但并非所有数据都包含 **type** 值，所以这里首先过滤数据集以删掉缺失值，方法是选择"数据"|"使用中的数据集"|"移除有缺失值的行(rows)..."菜单(如 4.5.2 节所述)。

注意： 由于 R Commander 中文版的兼容性问题，为了"清除缺失数据"对话框能正常工作，请在"新数据集名称"框中输入具体名称，例如这里的 **Prestige**。

此外，**type** 的水平是默认字母顺序而不是自然顺序，因此可以通过"数据"|"管理使用中数据集的变量"|"重新排序因子变量水平..."菜单将因子水平重新排序(参见 3.4 节)。这最后一步不是绝对必要的，但它使数据分析更容易被理解。

1　有关 **Prestige** 数据集中变量的说明参见表 4.2。

首先将可加的虚拟回归拟合到加拿大声望数据，采用模型公式 `prestige~education + income + women + type`。为此，从 R Commander 菜单中选择"统计量" | "拟合模型" | "线性模型..."，打开图 7.3 所示的对话框。自动提供的模型名称是 **LinearModel.2**，反映了已在前面的会话中拟合一个统计模型 **RegModel.1**(在 7.1 节中)的事实。

"线性模型"对话框的大部分结构与 R Commander 中的统计建模对话框相同。如果模型公式中～左边的反应变量文本框为空，则双击变量列表框中的变量名称，将名称输入反应变量框中。此后，双击变量名称将名称输入模型公式的右侧，单击+以分隔变量(如果部分完成的公式末尾没有出现运算符)。可以使用对话框中的工具栏在公式中输入括号和运算符(如+和*)；[1]也可以直接在模型公式文本框中输入。在图 7.3 中，只需要连续双击 **prestige**、**education**、**income**、**women** 和 **type**。[2]单击 OK 按钮会产生如图 7.4 所示的输出。

图 7.3　完成的"线性模型"对话框，拟合 **prestige** 对数值解释变量 **education**、**income** 和 **women** 以及因子 **type** 的可加虚拟变量回归

注意：由于 R Commander 中文版的兼容性问题，为了 **LinearModel.2** 能正常工作，请在"R 语法文件"选项卡中参照如下格式将出现乱码的 subset 和

---

[1] 第二个工具栏可用于将回归样条和多项式项输入模型。我将在 7.3 节中描述这个特性。如果不熟悉回归样条或多项式，请忽略此工具栏。

[2] "线性模型"对话框还包括一个用于设置数据子集的框，以及一个用于选择加权最小二乘法(与普通最小二乘法相反)回归的权重变量的下拉变量列表。本例中既不使用子集，也不使用权重变量。

weights 两个子语句去掉。然后，用鼠标选中它们，单击"运行"按钮以得到正确的结果。

```
LinearModel.2 <- lm(prestige ~ education + income + women + type,
  data=Prestige)
summary(LinearModel.2)
```

前面已经解释了 R 中线性模型汇总输出的一般格式。图 7.4 中的新内容是在线性模型中处理因子 **type** 的方式：为三水平因子 **type** 自动创建两个虚拟变量回归元。第一个虚拟回归元在输出中标记为 **type[T.wc]**，当 **type** 为 wc 时编码为 1，否则编码为 0；第二个虚拟回归元为 **type[T.prof]**，当 **type** 为 prof 时编码为 1，否则编码为 0。因此，**type** 的第一个水平"bc"被选为参考或基线水平，在两个虚拟回归元中都编码为 0。[1]

```
> LinearModel.2 <- lm(prestige ~ education + incom + women + type,
+   data=Prestige)

> summary(LinearModel.2)

Call:
lm(formula = prestige ~ education + income + women + type, data = Prestige)

Residuals:
    Min      1Q  Median      3Q     Max
-14.7485 -4.4817  0.3119  5.2478 18.4978

Coefficients:
              Estimate Std. Error t value  Pr(>|t|)
(Intercept) -0.8139032  5.3311558  -0.153  0.878994
education    3.6623557  0.6458300   5.671 0.000000163 ***
income       0.0010428  0.0002623   3.976 0.000139 ***
women        0.0064434  0.0303781   0.212  0.832494
type[T.wc]  -2.9170720  2.6653961  -1.094  0.276626
type[T.prof] 5.9051970  3.9377001   1.500  0.137127
---
Signif. codes:  0 '***' 0.001 '**' 0.01 '*' 0.05 '.' 0.1 ' ' 1

Residual standard error: 7.132 on 92 degrees of freedom
Multiple R-squared:  0.8349,	Adjusted R-squared:  0.826
F-statistic: 93.07 on 5 and 92 DF,  p-value: < 2.2e-16
```

图 7.4　线性模型 prestige~education + income + women + type 拟合到 **Prestige** 数据的输出

线性模型输出中的截距是 **type** 的"bc"基线水平的截距，其他水平的系数给出了这些水平中的每一个截距与基线水平截距之间的差值。由于此可加模型中

---

[1] 虚拟变量系数名称中的 T 指的是"处理对比"(0/1 虚拟回归元的同义词)，将在 7.2.4 节中进一步讨论。

数值解释变量 **education**、**income** 和 **women** 的斜率系数不因 **type** 水平不同而异，因此虚拟变量系数也可解释为对于 **education**、**income** 和 **women** 的任何固定值的每个水平与"**bc**"之间的平均差值。

为说明结构上更复杂的非可加模型，现在重新指定加拿大职业声望回归模型以包括 **type** 与 **education** 之间以及 **type** 与 **income** 之间的交互作用，在此将 **women** 从模型中去掉。在初始的回归模型中，**women** 的系数值小，但 p 值大。[1] "线性模型" 对话框以其先前状态重新打开，模型名称增加为 **LinearModel.3**。为拟合新模型，将公式修改为 prestige~type*education + type*income。单击 **OK** 按钮产生如图 7.5 所示的输出。

```
> LinearModel.3 <- lm(prestige ~ type*education +type*income, data=Prestige,)

> summary(LinearModel.3)

Call:
lm(formula = prestige ~ type * education + type * income, data = Prestige)

Residuals:
    Min      1Q  Median      3Q     Max
-13.462  -4.225   1.346   3.826  19.631

Coefficients:
                        Estimate Std. Error t value   Pr(>|t|)
(Intercept)           2.2757530  7.0565809   0.323     0.7478
type[T.wc]           -33.5366519 17.6536726  -1.900     0.0607 .
type[T.prof]          15.3518963 13.7152577   1.119     0.2660
education              1.7132747  0.9572405   1.790     0.0769 .
income                0.0035224  0.0005563   6.332 0.00000000962 ***
type[T.wc]:education   4.2908748  1.7572512   2.442     0.0166 *
type[T.prof]:education 1.3878090  1.2886282   1.077     0.2844
type[T.wc]:income     -0.0020719  0.0008940  -2.318     0.0228 *
type[T.prof]:income   -0.0029026  0.0005989  -4.847 0.00000528253 ***
---
Signif. codes:  0 '***' 0.001 '**' 0.01 '*' 0.05 '.' 0.1 ' ' 1

Residual standard error: 6.318 on 89 degrees of freedom
Multiple R-squared:  0.8747,    Adjusted R-squared:  0.8634
F-statistic: 77.64 on 8 and 89 DF,  p-value: < 2.2e-16
```

图 7.5   线性模型 prestige~type*education+type*income 拟合到 **Prestige** 数据的输出

注意： 由于 R Commander 中文版的兼容性问题，为了 **LinearModel.3** 能正常工作，请在 "R 语法文件" 选项卡中，参照如下格式将出现乱码的 subset 和 weights 两个子语句去掉。然后，用鼠标选中它们，单击 "运行" 按钮以得到正确的结果。

---

[1] 可加模型中 **women** 的系数很小并不意味着 **women** 和 **type** 不相互作用。这里的真正动机是简化示例。

```
LinearModel.3 <- lm(prestige ~ type*education +type*income, data=Prestige)
summary(LinearModel.3)
```

由于模型中的交互, 每个 **type** 水平都有不同的截距和斜率。输出中的截距 (连同 **education** 和 **income** 的系数)与 **type** 的基线水平"bc"有关。其他系数代表 每个其他水平与基线水平之间的差值。例如, type[T.wc] = -33.54 是 **type** 的"wc"和"bc"水平之间截距的差值。[1]类似地, 交互系数 type[T.wc]: education = 4.291 是"wc"和"bc "水平之间 **education** 斜率的差值。系数的 复杂性使得很难理解模型对数据的解析。7.6 节将展示如何图形化变量在复杂线 性模型中的交互。

7.2.4 虚拟变量和因子变量的其他对比方式

默认情况下, 在 R Commander 中, 线性模型公式中的因子由 **car** 程序包中 的 **contr.Treatment** 函数生成的 0/1 虚拟变量回归元表示, 并选择因子的第一个 水平作为基线水平。[2]这种对比编码以及其他一些选择如表 7.2 所示, 此处以 **Prestige** 数据集中的因子 **type** 为例。

来自 **car** 程序包的函数 **contr.Sum** 生成所谓的"西格玛约束"或"总和为零" 的对比回归元, 用于传统的方差分析处理。[3]标准 R 函数 **contr.poly** 生成正交多 项式对比——这里是 **type** 的 3 个水平的线性和二次项; 在 R Commander 中, **contr.poly** 是有序因子的默认选择。最后, **contr.Helmert** 生成 Helmert 对比, 将 每个水平与其前水平的平均值进行比较。

---

1 像-3.354e+01 这样的数字可用科学记数法表示为-3.354×10[1] = -33.54。
2 函数 **contr.Treatment** 是标准 R 函数 **contr.treatment** 的修改版本; **contr.Treatment** 为虚拟变量生成稍微容 易阅读的名称——例如, **type[T.wc]**而不是**typewc**。类似地, 下面讨论的 **contr.Sum** 和 **contr.Helmert** 是对 标准 R 函数 **contr.sum** 和 **contr.helmert** 的修改。
3 R Commander 中的多因素方差分析(在 6.1.3 节中讨论)使用 **contr.Sum** 作为方差分析模型中的因子。

表7.2　由 contr.Treatment、contr.Sum、contr.poly 和 contr.Helmert
生成的 type 的对比回归元编码

函数	对比名称	type 的水平		
		"bc"	"wc"	"prof"
contr.Treatment	type[T.wc]	0	1	0
	type[T.prof]	0	0	1
contr.Sum	type[S.wc]	1	0	−1
	type[S.prof]	0	1	−1
contr.poly	type.L	$-1/\sqrt{2}$	0	$1/\sqrt{2}$
	type.Q	$1/\sqrt{6}$	$-2/\sqrt{6}$	$-1/\sqrt{6}$
contr.Helmert	type[H.1]	−1	1	0
	type[H.2]	−1	−1	2

选择"数据"|"管理使用中数据集的变量"|"定义因子变量的对比方式…"
会打开图 7.6 左侧的对话框。此对话框中预先选择了因子 type，因为它是数据
集中的唯一因子。可以使用单选按钮在"受处置组(虚拟)的对比""总和(偏差)
对比""Helmert 对比"和"多项式对比"中进行选择，或者通过选择"其他(指
定)"来定义自定义对比(就像这里所做的那样)。

单击 OK 按钮会打开图(7.6)侧所示的子对话框。将默认对比名称 **1** 和 **2** 更改
为[bc.v.others]和[wc.v.prof]，然后填写对比系数(即对比回归元的值)。此选择生成
名为 type[bc.v.others]和 type[wc.v.prof]的对比回归元，当 Prestige 数据集中的因
子 type 出现在线性模型公式中时使用。以这种方式直接定义的对比必须是线性
无关的，如果它们遵守两个附加规则，则最容易解释：①每个对比的系数总和应
为 0；②每对对比应该是正交的(即每对对比的相应系数的乘积总和为 0)。

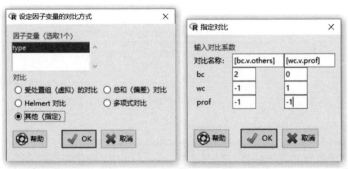

图 7.6　"设定因子变量的对比方式"对话框(左)和"指定对比"子对话框(右)，为 Prestige 数据集中
的因子 type 创建对比

为了解这些对比如何反映在模型的系数中，这里重新拟合了 **prestige** 对 **education**、**income**、**women** 和 **type** 的可加回归，产生了图 7.7 所示的输出。在保持其他解释变量不变的情况下，**type** 的第一个对比估算了"bc"和其他两个 **type** 水平的平均值之间的差值。而第二个对比估算了"wc"和"prof"之间的差值。这种 **type** 的替代对比编码与图 7.4 中的 **type** 的虚拟回归元编码产生不同的截距和 **type** 系数估计值，但两个模型对数据具有相同的拟合(如 $R^2 = 0.8349$)。[1]

```
> LinearModel.4 <- lm(prestige ~ education +income +women +type,
+    data=Prestige)

> summary(LinearModel.4)

Call:
lm(formula = prestige ~ education + income + women + type, data = Prestige)

Residuals:
     Min      1Q   Median      3Q      Max
-14.7485  -4.4817   0.3119   5.2478  18.4978

Coefficients:
                   Estimate Std. Error t value  Pr(>|t|)
(Intercept)       0.1821385  7.0466879   0.026  0.979435
education         3.6623557  0.6458300   5.671 0.000000163 ***
income            0.0010428  0.0002623   3.976  0.000139 ***
women             0.0064434  0.0303781   0.212  0.832494
type[bc.v.others] -0.4980208  1.0194568  -0.489  0.626347
type[wc.v.prof]    4.4111345  1.3968819   3.158  0.002150 **
---
Signif. codes:  0 '***' 0.001 '**' 0.01 '*' 0.05 '.' 0.1 ' ' 1

Residual standard error: 7.132 on 92 degrees of freedom
Multiple R-squared:  0.8349,  Adjusted R-squared:  0.826
F-statistic: 93.07 on 5 and 92 DF,  p-value: < 2.2e-16
```

图 7.7　线性模型 prestige~education + income + women + type 拟合到 **Prestige** 数据的输出，其使用自定义的 **type** 对比

注意：由于 R Commander 中文版的兼容性问题，为了 **LinearModel.4** 能正常工作，请在"R 语法文件"选项卡中参照如下格式将出现乱码的 subset 和 weights 两个子语句去掉。然后，用鼠标选中它们，单击"运行"按钮以得到正确的结果。

```
LinearModel.4 <- lm(prestige ~ education + income + women + type,
data=Prestige)
summary(LinearModel.4)
```

1　能看到 **type** 系数在模型的两个参数化中是如何相互关联的吗？

7.3　拟合回归样条和多项式*

"线性模型"对话框中的第二个公式工具栏可以轻松地向线性模型添加非线性"多项式回归"和"回归样条"项。

7.3.1　多项式项

一些简单的非线性关系可以表示为低阶多项式，例如二次项(使用回归元 x 和 x^2 表示数值解释变量 x)，或三次项(使用 x、x^2 和 x^3)。结果模型在解释变量 x 中是非线性的，但在参数(β)中是线性的。 R 和 R Commander 支持线性模型公式中的正交和"原形式"多项式。[1]

要将多项式项添加到模型的右侧，可单击变量列表框中的数值变量，然后按相应的工具栏按钮(根据需要选择正交多项式或原形式多项式)。多项式项的次数在"线性模型"对话框中有一个微调器，默认值为 2(即二次)。

例如，对数据的检查(如在 7.8 节讨论的分量加残差图中)[2]表明，对于加拿大职业声望数据，[3]在声望对教育、收入和女性的回归中，声望与女性之间可能存在二次部分关系。图 7.8 的"线性模型"对话框中指定了这种二次关系，使用原形式二次多项式并生成图 7.9 所示的输出。结果表明模型中的二次系数在统计上并不显著($p = 0.15$)。

注意： 由于 R Commander 中文版的兼容性问题，为了 **LinearModel.5** 能正常工作，请在"R 语法文件"选项卡中参照如下格式将出现乱码的 subset 和 weights 两个子语句去掉。然后，用鼠标选中它们，单击"运行"按钮以得到正确的结果。

---

[1]　正交多项式的回归元是不相关的，而原形式多项式的回归元只是变量的幂，例如 **women** 和 **women²**。原形式多项式和正交多项式对数据的拟合是相同的：它们只是同一回归的替代参数化。为简化单个回归系数的解释，原形式多项式可能是首选，但正交多项式往往会产生更稳定的数值计算。

[2]　另见 7.6 节对效应图中偏残差的讨论。

[3]　为了让这个例子更简单，我在回归中省略了职业类型。

```
LinearModel.5 <- lm(prestige ~ education + income + poly(women, degree=2,
raw=TRUE), data=Prestige)
summary(LinearModel.5)
```

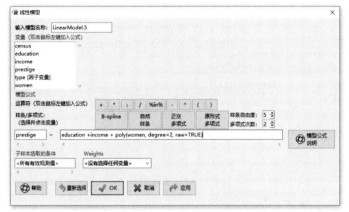

图 7.8 带有多项式(二次)项的"线性模型"对话框

```
> LinearModel.5 <- lm(prestige ~ education +income + poly(women , degree=2,
+ raw=TRUE), data=Prestige)

> summary(LinearModel.5)

Call:
lm(formula = prestige ~ education + income + poly(women, degree = 2,
    raw = TRUE), data = Prestige)

Residuals:
     Min      1Q   Median      3Q      Max
-20.2331  -5.3217   0.0987   4.9248  17.0059

Coefficients:
                                         Estimate Std. Error t value  Pr(>|t|)
(Intercept)                            -6.1766164  3.2496931  -1.901    0.0603 .
education                               4.2601722  0.3899199  10.926   < 2e-16 ***
income                                  0.0012720  0.0002778   4.579 0.0000139 ***
poly(women, degree = 2, raw = TRUE)1   -0.1451676  0.0991716  -1.464    0.1465
poly(women, degree = 2, raw = TRUE)2    0.0015379  0.0010660   1.443    0.1523
---
Signif. codes:  0 '***' 0.001 '**' 0.01 '*' 0.05 '.' 0.1 ' ' 1

Residual standard error: 7.804 on 97 degrees of freedom
Multiple R-squared:  0.8024,  Adjusted R-squared:  0.7943
F-statistic: 98.48 on 4 and 97 DF,  p-value: < 2.2e-16
```

图 7.9 声望数据中 **prestige** 对 **education**、**income** 和 **women** 二次方的回归的输出

7.3.2 回归样条

回归样条是灵活的函数，能够表示模型中的各种非线性模式，它像回归多项式一样，在参数中是线性的。R Commander 的"线性模型"对话框支持 B-spline 和"自然样条"。在线性模型的右侧添加样条类似于添加多项式项：样条项的自由度由微调器(标记为 df)控制，默认值为 5。单击列表中的变量，然后单击 B-spline 或"自然样条"的工具栏按钮。

例如，在图 7.10 中，保留 **women** 的二次规范，选择 **education** 并单击"自然样条"按钮，选择 **income** 并再次单击"自然样条"按钮。这两种情况下，都将"样条自由度"微调器保留为其默认值。这些选择会产生模型公式 prestige ~ poly(women, degree=2, raw=TRUE) + ns(education, df=5) + ns(income, df=5)，将 **prestige** 回归到 **women** 的二次方和 **education** 及 **income** 的 5-df 自然样条。生成的回归模型的输出在这里未显示，因为该模型需要图形解释(参见 7.6 节)：回归样条的系数估计值无法简单解释。[1]

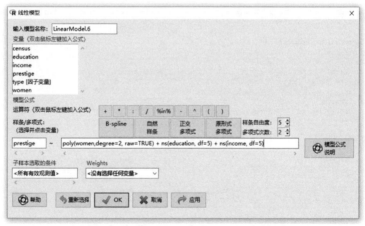

图 7.10 "线性模型"对话框显示了回归样条和多项式项，用于 **prestige** 对 **women**、**education** 和 **income** 的回归

注意：由于 R Commander 中文版的兼容性问题，为了 **LinearModel.6** 能正

---

[1] 然而，在这个修改后的模型中，**prestige** 对 **education** 和 **income** 的部分关系被更充分地建模，**women** 的二次系数在统计上是显著的(p = 0.01)。

常工作，请在"R语法文件"选项卡中参照如下格式将出现乱码的 subset 和 weights 两个子语句去掉。然后，用鼠标选中它们，单击"运行"按钮以得到正确的结果。

```
LinearModel.6 <- lm(prestige ~ poly(women, degree=2, raw=TRUE) +
ns(education, df=5) + ns(income, df=5), data=Prestige)
summary(LinearModel.6)
```

7.4　广义线性模型*

简单地说，Nelder 和 Wedderburn 在一篇开创性论文[36]中介绍的广义线性模型(GLM)由 3 个部分组成。

- 一个随机分量，它指定了以解释变量为条件的反应变量 y 的分布。传统上，随机分量是指数族(高斯[正态]、二项式、泊松、伽马或逆高斯族)的成员，但广义线性模型的理论及其在 R 中的实现现在更通用。除传统的指数族外，R 还提供准二项式和准泊松族，它们可以应对"过度分散的"二项式和计数数据。

- 一个线性预测器。

$$\eta_i = \beta_0 + \beta_1 x_{1i} + \beta_2 x_{2i} + \cdots + \beta_k x_{ki}$$

n 个独立观测值的第 i 个反应变量 $\mu_i = E(y_i)$ 的期望取决于该表达式，其中回归元 x_{ji} 是解释变量的预先指定函数——数值解释变量、代表因子的虚拟回归元、交互回归元等(就像在线性模型中一样)。

- 预先指定的可逆链接函数 $g(\cdot)$ 将反应变量的期望转换为线性预测器，即 $g(\mu_i) = \eta_i$，因此 $\mu_i = g^{-1}(\eta_i)$。R 实现了 **identity**、**inverse**、**log**、**logit**、**probit**、**cloglog**、**sqrt** 和 **inverse** 等链接，适用的链接因分布族而异。

除了正态线性模型(即高斯族与 **identity** 链接配对)，最常见的广义线性模型是二项式逻辑模型，适用于二分(二分类)反应变量。作为说明，这里将使用 Cowles 和 Davis 收集的关于志愿参加心理实验的数据[12]，其中研究的受试者是大学心理学入门课程的学生。

这个例子的数据包含在 **carData** 程序包的 **Cowles** 数据集中，[1] 包括以下变量：**neuroticism**(一个个性维度，其取值范围为 0~24 的整数)、**extraversion**(另一个个性维度，取值也是 0~24)、**sex**(一个具有"female"和"male"水平的因子)和 **volunteer**(一个带有"no"和"yes"水平的因子)。

在分析数据时，Cowles 和 Davis 采用 **volunteer** 对 **sex** 以及 **neuroticism** 和 **extraversion** 之间的线性交互作用进行逻辑回归。为拟合 Cowles 和 Davis 的模型，首先以通常的方式从 **carData** 程序包中读取数据，使 **Cowles** 成为 R Commander 中使用的数据集。然后选择"统计量"|"拟合模型"|"广义线性模型(GLM)..."菜单，打开图 7.11 所示的对话框。

"广义线性模型"对话框与上一节的"线性模型"对话框非常相似：顶部的模型名称(**GLM.7**)是自动生成的，可以根据需要进行更改。双击列表框中的变量将其输入模型公式中。对话框中不仅有用于将运算符、回归样条和多项式输入模型公式的工具栏，还有用于选取数据集子集和指定先验权重的输入框。

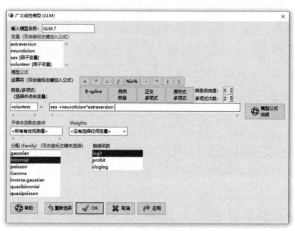

图 7.11　"广义线性模型"对话框

注意：由于 R Commander 中文版的兼容性问题，为了 **GLM.7** 能正常工作，请在"R 语法文件"选项卡中参照如下格式将出现乱码的 subset 和 weights 两个子语句去掉。然后，用鼠标选中它们，单击"运行"按钮以得到正确的结果。

1　感谢约克大学的 Caroline Davis 提供数据。

```
GLM.7 <- glm(volunteer ~ sex + neuroticism*extraversion,
family=binomial(logit), data=Cowles)
summary(GLM.7)
exp(coef(GLM.7)) # Exponentiated coefficients ("odds ratios")
```

　　"广义线性模型"对话框中的新增功能是适用于 GLM 的"分配(Family)"和"链接函数"列表框。族和链接是互相配合的：双击分布族可更改可用链接。在每种情况下，默认都会选择特定族的典型链接。刚打开对话框时的选择项是 **binomial** 族和相应的典型链接 **logit**，这恰好是例子中想要的。

　　这里通过双击变量列表中的 **volunteer** 来完成对话框，使其成为反应变量。然后双击 **sex** 和 **neuroticism**，单击工具栏中的*按钮。最后双击 **extraversion**，产生模型公式 volunteer ~ sex + neuroticism*extraversion。与在"线性模型"对话框中一样，另一种方法是直接输入公式。

　　二项式逻辑模型的适当反应变量包括两水平因子(例如当前示例中的 **volunteer**)、逻辑变量(即值为 FALSE 和 TRUE)以及具有两个唯一值(最常见的是 0 和 1)的数值变量。在每种情况下，逻辑模型都是针对两个值中第二个值的概率——示例中 **volunteer** 为"yes"的概率。

　　单击 OK 按钮生成图 7.12 所示的输出。"广义线性模型"对话框使用 R 的 **glm** 函数来拟合模型。广义线性模型的汇总输出与线性模型的汇总输出非常相似，包括一个估算系数表及其标准误差、用于系数为 0 的检验的 z 值(Wald 统计量)和这些检验的双侧 p 值。对于逻辑回归，R Commander 还打印输出指数系数，可解释为概率表上的乘法效应——这里是志愿服务的概率，即 Pr("yes")/Pr("no")。

　　Wald 检验表明，正如 Cowles 和 Davis 所预期的那样，**neuroticism** 和 **extraversion** 之间存在统计学上显著的交互作用，以及显著的 **sex** 影响(与在个性维度上具有相同分数的女性相比，男性参与志愿服务的可能性较小)。因为很难直接从系数估值中掌握交互作用的性质，所以我们将在 7.6 节中回到这个例子，在那里将绘制拟合模型。

　　尽管在本节中只开发了一个广义线性模型的示例(二进制数据的 logit 模型)，但 R Commander 的"广义线性模型"对话框可以更灵活。

- **probit** 和 **cloglog** 链接函数也可以与二进制数据一起使用，作为典型 **logit** 链接的替代方法。
- 当每个案例(或观测)的反应变量值在给定数量的二项式试验中代表"成功"的比例时，也可以使用二项式族，这也可能因案例而异。这种情况下，模型公式的左侧应该给出成功的比例，可以直接在模型公式的左侧框中计算为 **successes/trials**(假设使用中的数据集中存在具有这些名称的变量)，代表每个观测的试验次数的变量例如 **trials** 应在 Weights 框中给出。
- 对于二项式数据，模型的左侧可能是一个两列矩阵，例如可以通过输入 `cbind(successes, failures)`(再次假设这些变量存在于使用中的数据集中)到模型公式的左侧框中，分别指定每个观测成功和失败的数量。
- 通过选择不同的族和相应的链接来指定其他广义线性模型。例如，通常用于计数数据的泊松回归模型可以通过选择 **poisson** 族和典型 **log** 链接来拟合(或者，为获得通常更现实的系数标准误差，选择带有 **log** 链接的 **quasipoisson** 族)。

```
> GLM.7 <- glm(volunteer ~ sex + neuroticism*extraversion,
+     family=binomial(logit), data=Cowles)

> summary(GLM.7)

Call:
glm(formula = volunteer ~ sex + neuroticism * extraversion, family = binomial(logit),
    data = Cowles)

Deviance Residuals:
    Min      1Q  Median      3Q     Max
-1.4749  -1.0602  -0.8934  1.2609  1.9978

Coefficients:
                         Estimate Std. Error z value  Pr(>|z|)
(Intercept)             -2.358207   0.501320  -4.704 0.00000255 ***
sex[T.male]             -0.247152   0.111631  -2.214    0.02683 *
neuroticism              0.110777   0.037648   2.942    0.00326 **
extraversion             0.166816   0.037719   4.423 0.00000975 ***
neuroticism:extraversion -0.008552   0.002934  -2.915    0.00355 **
---
Signif. codes:  0 '***' 0.001 '**' 0.01 '*' 0.05 '.' 0.1 ' ' 1

(Dispersion parameter for binomial family taken to be 1)

    Null deviance: 1933.5  on 1420  degrees of freedom
Residual deviance: 1897.4  on 1416  degrees of freedom
AIC: 1907.4

Number of Fisher Scoring iterations: 4

> exp(coef(GLM.7))  # Exponentiated coefficients ("odds ratios")
            (Intercept)              sex[T.male]              neuroticism
             0.09458964               0.78102195               1.11714535
           extraversion neuroticism:extraversion
             1.18153740               0.99148400
```

图 7.12 Cowles 和 Davis 的逻辑回归(`volunteer ~ sex + neuroticism*extraversion`) 的输出

7.5　其他回归模型*

除了线性回归、线性模型和广义线性模型，R Commander 还可以为具有两个以上类别的分类反应变量拟合多元逻辑模型(通过"统计量" | "拟合模型" | "多元逻辑模型…"菜单)，以及为有序多类别反应变量拟合有序回归模型——包括"比例优势逻辑模型"和"有序概率模型"(通过"统计量" | "拟合模型" | "有序(Ordinal)回归模型…"菜单)。虽然不准备在这里说明这些模型，但"模型"菜单中的许多菜单项对它们都适用。此外，R Commander 插件包可以引入额外类别的统计模型(将在第 9 章中展示)。

7.6　可视化线性模型和广义线性模型*

Fox 引入的效应图[18]是通过关注特定的解释变量或解释变量的组合，而将其他解释变量保持为典型值来可视化复杂回归模型的图形。一种策略是依次关注模型高阶项(即与其他项相比非常重要的项)中的解释变量(参见 7.2.2 节)。

在 R Commander 中，可以通过"模型" | "绘图" | "效应图(Effect plots)"菜单为线性、广义线性和一些其他统计模型绘制效应显示。图 7.13 显示了上一节 **GLM.7** 中 Cowles 和 Davis 的逻辑回归的结果对话框(**GLM.7** 是 R Commander 中的当前统计模型)。默认情况下，该对话框会绘制模型中的所有高阶项——这里是 **sex** 主效应和 **neuroticism** 与 **extraversion** 的交互作用；也可以选择预测器(解释变量)的子集来进行绘制。[1]对于线性或广义线性模型，还有一个用于绘制偏残差的复选框(默认情况下未选中)，以及一个滑块(用于更平滑地拟合到残差)。偏残差和伴随的平滑器可用于判断与指定模型的函数形式的偏离(将在本节后面说明)。

1　不必选择与模型中的高阶项相对应的关键解释变量，甚至不必与模型中的项相对应。例如，对于 Cowles 和 Davis 的逻辑回归，可以选择所有 3 个解释变量(**sex**、**neuroticism** 和 **extraversion**)，即使这些变量之间的三向交互作用不在模型中。这种情况下，将为 3 个解释变量的值的组合绘制效应图。

图 7.13　Cowles 和 Davis 的逻辑回归(volunteer ~ sex + neuroticism*extraversion)的 "模型效应图" 对话框

　　单击 OK 按钮会生成图 7.14 所示的图表：左侧面板显示 **sex** 主效应，**neuroticism** 和 **extraversion** 设置为平均水平。右侧面板显示 **neuroticism** 与 **extraversion** 的交互作用，对由男性和女性组成的组进行统计，人数构成参照数据集中的比例。在这两个图中，**volunteer** 垂直轴的绘制使用 logit 标度，但刻度标记位于估算概率的标度上，也就是说它们代表志愿服务的估值概率。[1]

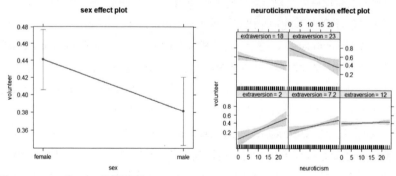

图 7.14　Cowles 和 Davis 的逻辑回归(volunteer ~ sex + neuroticism*extraversion)中高阶项的效应图

1　此策略通常用于 R Commander 中广义线性模型的效应图：垂直轴绘制在线性预测器的标度上(在这个标度上模型是线性的)，但标记在通常更易解释的反应标度上。

在交互图中，每个面板的横轴代表 **neuroticism**，而 **extraversion** 在其范围内(从左下面板到右上面板)具有连续更大的值。每个面板的 **extraversion** 值由面板顶部标记为 extraversion 的条带中的小垂直线表示。

面板中的线条代表 **neuroticism** 和 **extraversion** 的组合效应，并使用 **neuroticism:extraversion** 交互作用的估计系数以及 **neuroticism** 和 **extraversion** "主效应"的系数(这些系数对交互作用来说是边缘的)进行计算。很明显，在最低 **extraversion** 水平上，**volunteer** 和 **neuroticism** 之间存在正相关关系，但在最高 **extraversion** 水平上，这种关系变得负相关。

sex 效应图中的误差条和 **neuroticism** 与 **extraversion** 交互作用图中的灰色带代表估值效应周围的逐点的 95%置信区间。在 **neuroticism** 与 **extraversion** 交互作用的显示中，每个面板底部的"地毯图"显示了 **neuroticism** 的边缘分布，线条略微移位以减少过度绘图。地毯图在这里并不是很有用，因为 **neuroticism** 只是取整数分值。

效应图中的偏残差

将"偏残差"添加到线性和广义线性模型中的数值解释变量的效应图上可以成为判断偏离模型中指定的函数形式(线性或其他)的有效工具。这里将使用加拿大职业声望数据进行说明。在 7.2.3 节和 7.3 节中，已经将几个模型拟合到 **Prestige** 数据中，包括一个可加虚拟回归模型(图 7.4 中的 **LinearModel.2**)。

```
prestige ~ education + income + women + type
```

还有一个具有交互作用的模型(图 7.5 中的 **LinearModel.3**)。

```
prestige ~ type*education + type*income
```

本章中的 R Commander 会话不同寻常，因为已经读取了 3 个数据集(**Duncan**、**Prestige** 和 **Cowles**)并为每个数据集拟合了统计模型。在会话中处理单个数据集更为常见。尽管如此，正如所解释的，R Commander 允许在模型和数据集之间切换，并负责将模型与它们拟合的数据集同步。将 **LinearModel.2** 设为使用中的模型后，返回到"模型效应图"对话框，如图 7.15 所示。选中"绘制偏残差"复选框并单击 OK 按钮，生成图 7.16 所示的效应图。偏残差是为数值预测器绘制的，但不是为因子 **type** 绘制的；这反映在"信息"窗格显示的警告中，我将选择忽略它。

图 7.15   **LinearModel.2**(`prestige ~ education + income + women + type`)拟合到 **Prestige** 数据的"模型效应图"对话框

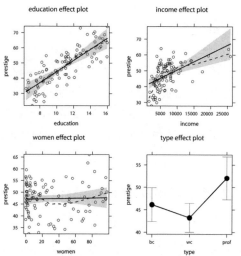

图 7.16   **LinearModel.2**(`prestige ~ education + income + women + type`)拟合到 **Prestige** 数据并显示偏残差的效应图

效应图中的实线代表模型对数据的拟合，而虚线是偏残差的平滑显示。如果拟合模型线和偏残差的平滑线相似，则支持模型的指定函数形式。偏残差是通过将每个观测的残差添加到表示拟合效应的线来计算的。因此，似乎

education 效应被合理建模，但 **income** 和 **women** 效应似乎是非线性的。

LinearModel.3 包括 **type** 与 **education** 和 **income** 之间的交互作用。图 7.17 显示了此模型中高阶项的带偏残差的效应图。因为按 **type** 划分数据在图的每个面板中留下的点相对较少，所以将平滑器的跨度设置为一个较大的值 0.9。[1]

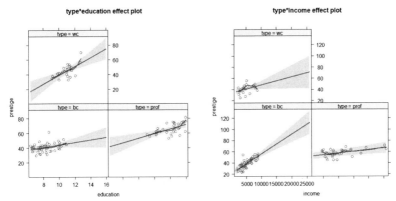

图 7.17　**LinearModel.3**(`prestige ~ type*education + type*income`)拟合到 **prestige** 数据并显示偏残差的效应图

prestige 和 **income** 之间的明显非线性关系是由 **income** 和 **type** 之间的交互作用来解释的。[2]图 7.17 的右侧显示表明，专业和管理职业(即 `type = "prof"`)的 **income** 斜率比蓝领("bc")或白领("wc")职业的要小，并且专业职业往往有更高的收入。左侧对于 **type** 与 **education** 交互作用的显示表明，白领职业的 **education** 斜率比其他类型的职业更陡峭。偏残差的平滑表明这些关系在 **type** 水平内是线性的。

图 7.17 中带有偏残差的效应显示中的置信度包络也为回归曲面的估计精度提供了一个有用的教学点：当数据稀疏(或者在极端情况下没有数据)时，回归曲面被不精确地估算。

7.3 节拟合的 **LinearModel.6** 如下所示。

```
prestige ~ poly(women, degree=2, raw=TRUE) + ns(education, df=5) + ns(income,
df=5)
```

1　5.4 节讨论了平滑散点图。
2　前面讲过，解释变量 **women** 不包括在这个模型中。

它使用 **women** 的二次方程以及 **income** 和 **education** 的回归样条，应该捕捉到图 7.16 中观察到的未建模的非线性；但是，该模型不包括因子 **type**。这里将 **LinearModel.6** 设为使用中的模型并重复效应图，如图 7.18 所示。结果显示，拟合的模型和平滑的残差彼此吻合。

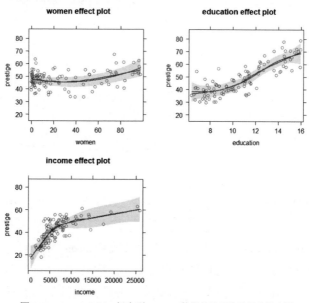

图 7.18　**LinearModel.6** 拟合到 **Prestige** 数据并显示偏残差的效应图

7.7　系数的置信区间和假设检验

"模型"菜单包括几个用于构建置信区间和执行回归系数假设检验的菜单项。如前所述，对线性和广义线性模型中的单个系数的检验出现在模型摘要中。本节介绍如何执行更复杂的检验，例如对相关的系数子集进行检验。

7.7.1　置信区间

为说明这一点，将 Duncan 的职业声望回归(图 7.2 中的 **RegModel.1**)作为 R Commander 中的使用中统计模型，这会自动使 **Duncan** 成为使用中的数据集。

从 R Commander 菜单中选择"模型"|"置信区间…"会弹出图 7.19[1]上部所示的简单对话框。在其上保留默认的 0.95 置信水平，然后单击 OK 按钮会生成图 7.19 下部所示的输出。

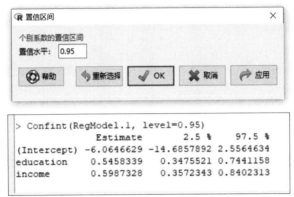

图 7.19　Duncan 的职业声望回归(prestige ~ education + income)的"置信区间"对话框和结果输出

7.7.2　方差分析和偏差表分析*

可以通过"模型"|"假设检验"|"方差分析(ANOVA)表…"菜单计算线性模型的方差分析(ANOVA)表或广义线性模型的类似偏差表分析。这里将使用 Cowles 和 Davis 的逻辑回归模型(图 7.12 中的 **GLM.7**)进行说明，选择它作为会话中的当前模型。图 7.20 上部的"方差分析表"对话框提供了 3 种"类型"的检验，通常命名为 I 型、II 型和 III 型。

1　对于广义线性模型，"置信区间"对话框提供了基于似然比统计量或 Wald 统计量建立置信区间的选项。前者需要更多的计算，但它是默认设置，因为基于似然比统计量的置信区间往往更准确。

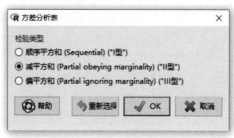

```
> Anova(GLM.7, type="II", test="LR")
Analysis of Deviance Table (Type II tests)

Response: volunteer
                        LR Chisq Df  Pr(>Chisq)
sex                       4.9184  1    0.026572 *
neuroticism               0.3139  1    0.575316
extraversion             22.1372  1 0.000002538 ***
neuroticism:extraversion  8.6213  1    0.003323 **
---
Signif. codes:  0 '***' 0.001 '**' 0.01 '*' 0.05 '.' 0.1 ' ' 1
```

图 7.20　Cowles 和 Davis 的逻辑回归(volunteer ~ sex + neuroticism*extraversion)的
"方差分析表"对话框和 II 型检验结果

- 除了截距，Cowles 和 Davis 模型中还有 4 个项：sex、neuroticism、extraversion 和 neuroticism:extraversion 交互作用。I 型检验是顺序的，因此简单地说检验 sex 会忽略其他一切；sex 之后的 neuroticism 忽略 extraversion 和 neuroticism:extraversion 交互作用；sex 和 neuroticism 之后的 extraversion 忽略 neuroticism:extraversion 交互作用；neuroticism:extraversion 交互作用在所有其他项之后。顺序检验不是很合理。

- II 型检验的制定符合边际原则(见 7.2.2 节)：**sex** 在所有其他项之后，包括 **neuroticism:extraversion** 交互作用；**neuroticism** 在 **sex** 和 **extraversion** 之后但忽略与其"主效应"是边缘作用的 **neuroticism:extraversion** 交互作用；同样，**extraversion** 在 **sex** 与 **neuroticism** 之后但忽略 **neuroticism:extraversion** 交互作用；**neuroticism:extraversion** 交互作用在所有其他项之后。更一般地，每个项都被检验而忽略那些有边缘作用的项(即忽略其高阶相关项)。这通常是一种合理的方法，并且是对话框中的默认设置。

Cowles 和 Davis 的逻辑回归的 II 型检验显示在图 7.20 的下部。对于像 Cowles 和 Davis 的逻辑回归这样的广义线性模型，R Commander 使用似然比检验计算偏差表分析，这需要为每个检验重新拟合模型(在某些情况下为两次)。在本例中，每个似然比卡方检验都有一个自由度，因为模型中的每一项都由一个系数表示。因为 **neuroticism:extraversion** 交互作用在统计上具有高度显著性，所以这里不会解释 **neuroticism** 和 **extraversion** 主效应的检验(假设它们交互作用为零)。**sex** 效应也具有统计学意义。

- III 型检验是针对所有其他项之后的每个项。这对于 Cowles 和 Davis 的模型来说是不合理的，尽管它可能看上去合理，例如通过在拟合模型之前将 **neuroticism** 和 **extraversion** 集中在各自的均值上。即使在 III 型检验可以对应于合理假设的地方(例如在方差模型分析中)，它们也需要在 R 中仔细规划。[1]个人建议避免 III 型检验，除非特定场合需要。

7.7.3 检验比较模型*

R Commander 允许计算两个回归模型的似然比 F 检验或卡方检验，其中一个嵌套在另一个中。[2]为进行说明，我们回到 **Duncan** 数据集并拟合 Duncan 回归的一个版本将 **education** 和 **income** 的系数设置为彼此相等，指定线性模型公式 prestige ~ I(income + education)。[3]这至少可以说是有道理的，因为这两个解释变量都是百分比——分别是高中毕业生和高收入者。生成的模型 **LinearModel.8** 总结在图 7.21 中。

---

1 对于解决合理假设的 III 类检验，用于方差分析模型中的因子的对比在设计的基础上必须是正交的。函数 **contr.Sum**、**contr.Helmert** 和 **contr.poly** 与此属性产生对比，但 R Commander 默认的虚拟编码的 **contr.Treatment** 不会。因此，R Commander 的"多因子方差分析"对话框(见 6.1.3 节)使用 **contr.Sum** 来拟合 ANOVA 模型(特别参见图 6.9 和图 6.10)，因此得到的模型可以合法地使用 III 型检验。

2 F 检验是为线性模型和广义线性模型(如准泊松模型)计算的，它们有一个估计的离散参数；卡方检验是针对离散参数固定的广义线性模型(例如二项式模型)计算的。方差分析和偏差表分析也是如此。

3 前面讲过，这里需要恒等函数 **I**，因此**+**被解释为相加。

```
> LinearModel.8 <- lm(prestige ~ I(education +income), data=Duncan)

> summary(LinearModel.8)

Call:
lm(formula = prestige ~ I(education + income), data = Duncan)

Residuals:
     Min      1Q  Median      3Q     Max
 -29.605  -6.708   0.124   6.979  33.289

Coefficients:
                         Estimate Std. Error t value Pr(>|t|)
(Intercept)              -6.06319    4.22540  -1.435    0.159
I(education + income)     0.56927    0.03958  14.382   <2e-16 ***
---
Signif. codes:  0 '***' 0.001 '**' 0.01 '*' 0.05 '.' 0.1 ' ' 1

Residual standard error: 13.22 on 43 degrees of freedom
Multiple R-squared:  0.8279,  Adjusted R-squared:  0.8239
F-statistic: 206.8 on 1 and 43 DF,  p-value: < 2.2e-16
```

图 7.21　回归模型拟合 **Duncan** 职业声望数据的摘要，指定 **education** 和 **income** 系数相等(prestige ~ I(education + income))

选择"模型"|"假设检验"|"比较 2 个模型…"菜单会弹出图 7.22 上部所示的对话框。选择更通用的 **RegModel.1** 作为第一个模型，选择更具体、受约束的 **LinearModel.8** 作为第二个模型，但选择的顺序无关紧要——两种情况下都会产生相同的 F 检验。在对话框中单击 OK 按钮会生成图 7.22 下部所示的输出。**education** 和 **income** 的系数相等的假设是合理的(p = 0.79)——毕竟，这两个系数在原始回归中非常相似($b_{education}$ = 0.55 和 b_{income} = 0.60，见图 7.2)。

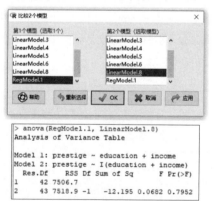

图 7.22　Duncan 的职业声望回归的"比较 2 个模型"对话框和结果输出，检验 **education** 和 **income** 回归系数的相等性

7.7.4　检验线性假设*

选择"模型"|"假设检验"|"线性假设..."菜单允许制定和检验关于回归模型中系数的一般线性假设。为进行说明，将再次使用 Duncan 的职业声望回归 **RegModel.1**。图 7.23 和图 7.24 显示"线性假设检验"对话框被设置为检验两个不同的假设，并给出相应的输出。

图 7.23　Duncan 的职业声望回归的线性假设检验 $H_0: \beta_{education} = \beta_{income}$

- 在图 7.23 中，$H_0: 1 \times \beta_{education} - 1 \times \beta_{income} = 0$ (即 $H_0: \beta_{education} = \beta_{income}$)。这与前面的通过模型比较方法检验的假设相同，当然它产生相同的 F 检验。

- 在图 7.24 中，$H_0: 1 \times \beta_{education} = 0, 1 \times \beta_{income} = 0$，这相当于线性模型汇总输出中的综合零假设，因此产生相同的 F 检验，即 $H_0: \beta_{education} = \beta_{income} = 0$ (见图 7.2)。因为线性假设由两个方程组成，所以假设的 F 统计量在分子中有两个 df。

图 7.24　Duncan 的职业声望回归的线性假设检验 $H_0: \beta_{education} = \beta_{income} = 0$

线性假设中的方程可能与模型中系数的数量一样多，方程的数量由对话框顶部的滑块控制。方程必须相互线性无关，也就是说它们可能不是冗余的。最初，每行中的所有单元格都为 0，包括代表假设右侧的单元格(该单元格通常保留为 0)。线性模型的"线性假设检验"对话框提供了一个可选的"三明治"系数协方差矩阵估计式，可用于调整自相关或异方差误差(非恒定误差方差)的统计推断。

7.8　回归模型诊断*

回归诊断是用于确定拟合数据的回归模型是否充分总结了数据的方法。例如，假设为线性的关系实际上是线性的吗？一个或少数有影响的案例是否对结果产生过分影响？

在 R Commander 的"模型"|"数值诊断"和"模型"|"绘图"菜单中实现了许多回归诊断的标准方法——限于篇幅，本章无法详细介绍。幸运的是，大多数诊断对话框都非常简单，一些诊断菜单项直接生成结果，甚至无须调用对话框。这里将用 Duncan 的职业声望回归(图 7.2 中的 **RegModel.1**)进行说明。像往常一样，假设这里介绍的统计方法是大家已经熟悉的。许多回归文章都涉及回归诊断，详见参考文献[10, 19, 24, 47]。

R Commander 中可用的数值诊断包括广义方差膨胀因子[27](用于诊断线性和广义线性模型中的共线性)、用于线性模型中的非恒定误差方差的 Breusch-Pagan 检验[7](由 Cook 和 Weisberg[11]独立提出)、用于线性时间序列回归中的自相关误差的 Durbin-Watson 检验[14, 15]、用于线性模型中非线性的 RESET 检验[38]，以及来自线性或广义线性模型的基于学生化残差的 Bonferonni 异常值检验[24]。

这里将使用"模型"|"数值诊断"|"Breusch-Pagan 异质方差检验..."菜单来说明，弹出图 7.25 上部所示的对话框。默认是检验随着反应变量水平(通过拟合值)增加(或减少)的误差方差，但对话框是灵活的，可基于数据集中的任何变量，适应误差方差对解释变量或线性预测器的依赖性。将对话框保留为默认设置，可生成图 7.25 下部所示的输出。因此，没有证据表明 Duncan 的回归中

的误差方差取决于反应变量的水平。

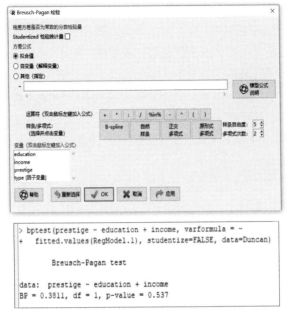

```
> bptest(prestige ~ education + income, varformula = ~
+   fitted.values(RegModel.1), studentize=FALSE, data=Duncan)

        Breusch-Pagan test

data: prestige ~ education + income
BP = 0.3811, df = 1, p-value = 0.537
```

图 7.25　Duncan 的职业声望回归(`prestige ~ education + income`)的 "Breusch-Pagan 检验"
对话框和结果输出

　　R Commander 还提供许多图形诊断，例如由应用于线性或广义线性模型的 R 的 **plot** 函数生成的 "基本诊断图"; "残差分位数比较图", 例如用于诊断线性模型中的非正态误差; 可加线性或广义线性模型中非线性的 "组分+残差(偏残差)图";[1] 用于诊断线性和广义线性模型中异常和有影响的数据的 "附加变量图"; 以及 "影响图" ——该诊断图同时显示学生化残差、帽子值(杠杆)和库克距离。

　　这里通过将影响图、附加变量图和 "组分+残差图", 应用于 Duncan 的回归(**RegModel.1**)来选择性地演示这些图形诊断(先使 **RegModel.1** 成为使用中的模型)。读者也可探索其他诊断方法。

　　选择 "模型" | "绘图" | "影响图(Influence Plot)" 菜单会打开图 7.26 上部

1　7.6 节中展示了如何把偏残差添加到效应显示。对于可加模型, 该方法会生成传统的 "组分+残差图", 但它更灵活, 因为它也可以应用于具有交互作用的模型。

所示的对话框。这里将对话框中的所有选择保留为默认值，包括异常点的自动识别。[1]从每个最极端的学生化残差、帽子值和库克距离中选择两个案例，可能最多识别 6 个点(尽管这不太可能发生，因为有影响力的点结合了高杠杆和大残差)。结果图出现在图 7.26 的下部，它表明确定了 4 个相对不寻常的点：RR.engineer(铁路工程师)职业处于高杠杆点，但学生化残差很小；reporter 具有相对较大(负)的学生化残差，但杠杆作用较小；conductor(尤其是 minister)具有相对较大的学生化残差和适度高的杠杆作用。圆圈的面积与库克的影响力指标成正比，因此，minister 兼具了大量残差和相当高的杠杆作用，对回归系数具有最大的影响力。

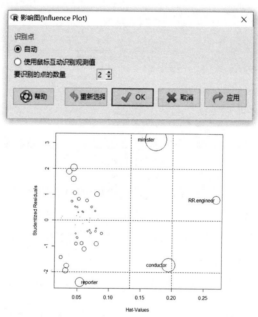

图 7.26　Duncan 的职业声望回归(prestige ~ education + income)的"影响图"对话框和结果图

选择"模型" | "绘图" | "附加变量图…"菜单会弹出图 7.27 上部所示的

---

[1] 默认的"自动"点识别的优点是可以在 R Commander 生成的 R Markdown 文档中工作。如 5.4.4 节所述，R Markdown 文档中不包含需要直接交互的图。

对话框；和以前一样，该对话框允许用户选择一种方法来识别结果图中的值得注意的点。再一次保留默认的自动点识别，但现在将每个图中要识别的点数从默认的 2 增加到 3。[1]单击 OK 按钮生成图 7.27 下部所示的图形。每个附加变量图中最小二乘线的斜率是多元回归中对应解释变量的系数，该图显示了案例如何影响系数——实际上是将多元回归转换为一系列简单回归，每个回归都控制其他解释变量。

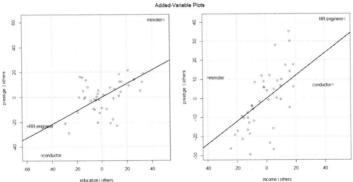

图 7.27　Duncan 的职业声望回归(prestige ~ education + income)的"附加变量图"对话框和结果图

　　附加变量图比影响图提供的信息更多：minister 和 conductor 职位似乎是一对有影响力的组合，提高了 **education** 系数并降低了 **income** 系数。RR.engineer 职位对这两个系数都有很高的影响，但或多或少与其余数据一致。[2]

　　选择"模型"|"绘图"|"组分+残差图..."菜单会弹出图 7.28 上部所示的

1　如果想尝试自动识别不同数量的点，请单击"应用"按钮而不是 OK 按钮。
2　读者可以自己练习从数据中删除 minister(案例 6)和 conductor(案例 16)职位，并通过"线性模型"或"线性回归"对话框中的"子样本选取的条件"框最方便地重新拟合回归；可以使用子集-c(6, 16)。

对话框。因为 **Duncan** 数据集中只有 45 个案例，所以将平滑器的幅度从默认的 50%增加到 90%。在图 7.28 下部所示的"组分+残差图"表明，**Duncan** 数据中 **prestige** 与 **education** 和 **income** 的部分关系是合理的线性关系。

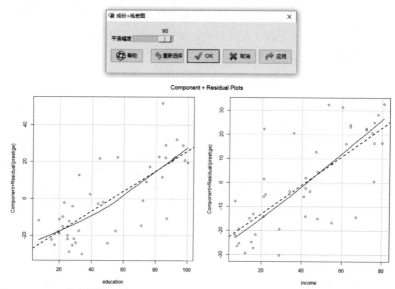

图 7.28　Duncan 的职业声望回归(prestige ~ education + income)的"成份+残差图"对话框和结果图

最后，在"模型"菜单中，"新增观测值统计量至数据中..."菜单项允许添加拟合值(即 $\hat{y}$)、残差、学生化残差、帽子值、库克距离和观测指数(1, 2, ... , n)到使用中的数据集。这些量(观测指数除外)以其所属的模型命名(例如 **residuals.RegModel.1**)，然后可以用于创建定制的诊断图(例如库克距离与观测指数的索引图)等。

7.9　模型选择*

R Commander 的"模型"菜单包含用于比较回归模型和自动模型选择的适度设置。"模型" | "赤池信息量准则(AIC)"和"模型" | "Bayesian 信息准则(BIC)"

菜单项生成当前统计模型的 AIC 或 BIC 模型选择统计信息。"模型"|"逐步模型选择方法..."菜单项对线性或广义线性模型执行逐步回归，而"模型"|"子集合模型选择方法..."菜单项对线性模型执行全子集回归。尽管我从未对自动模型选择方法非常热衷，但相信这些方法确实具有合理的作用，如果使用得当，在纯预测应用程序中会发挥相当大的作用。

　　这里将使用 **carData** 程序包中的 **Ericksen** 数据集来说明模型选择。Ericksen 等人取得的数据[17]是对 1980 年美国人口普查的不完全统计，涉及美国的 16 个大城市、这些城市所属的州的其余地区和其他州。因此，总共有 66 个案例。除了每个地区的估算的百分比 **undercount** 数值外，数据集还包含这些地区的各种特征。数据集中 **undercount** 对其他变量进行的线性最小二乘回归表明，一些预测器是高度共线的。[1]我用公式 undercount~ .拟合了这个初始线性模型，并通过"模型"|"数值诊断"|"方差膨胀因素"来获得回归系数的方差膨胀因子。相关输出如图 7.29 所示。

```
Call:
lm(formula = undercount ~ ., data = Ericksen)

Residuals:
    Min      1Q  Median      3Q     Max
-2.8356 -0.8033 -0.0553  0.7050  4.2467

Coefficients:
                 Estimate Std. Error t value Pr(>|t|)
(Intercept)     -0.611411   1.720843  -0.355 0.723678
minority         0.079834   0.022609   3.531 0.000827 ***
crime            0.030117   0.012998   2.317 0.024115 *
poverty         -0.178369   0.084916  -2.101 0.040117 *
language         0.215125   0.092209   2.333 0.023200 *
highschool       0.061290   0.044775   1.369 0.176415
housing         -0.034957   0.024630  -1.419 0.161259
city[T.state]   -1.159982   0.770644  -1.505 0.137791
conventional     0.036989   0.009253   3.997 0.000186 ***
---
Signif. codes:  0 '***' 0.001 '**' 0.01 '*' 0.05 '.' 0.1 ' ' 1

Residual standard error: 1.426 on 57 degrees of freedom
Multiple R-squared:  0.7077,	Adjusted R-squared:  0.6667
F-statistic: 17.25 on 8 and 57 DF,  p-value: 1.044e-12
> vif(LinearModel.9)
   minority       crime     poverty    language   highschool      housing
   5.009065    3.343586    4.625178    1.635568     4.619169     1.871745
       city conventional
   3.537750    1.691320
```

图 7.29　Ericksen 等人的人口普查的不完全统计数据的回归输出和方差膨胀因子，拟合线性模型
undercount~.

1　Ericksen 等人[17]进行了更复杂的加权最小二乘回归。

选择"模型"|"子集合模型选择方法…"菜单会弹出图 7.30 上部所示的对话框。此对话框中的所有选项均保留默认值，包括使用 BIC 进行模型选择。单击 OK 按钮生成图 7.30 下部所示的图形，根据 BIC 绘制每个尺寸为 $k = 1, \ldots, 9$ 的"最佳"模型。每个模型中包含的预测器由填充面积表示，BIC 值越小代表"更好"的模型。注意，回归截距包含在所有模型中。根据 BIC，总体上最好的模型包括 4 个预测器：**minority**、**crime**、**language** 和 **conventional**。读者可以尝试用逐步模型选择方法作为替代方案。[1]

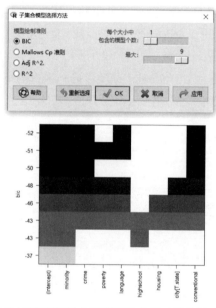

图 7.30　Ericksen 等人的人口普查的不完整统计数据的"子集合模型选择方法"对话框和结果图

1　R Commander 中的全子集回归由 **Leaps** 包中的 **regsubsets** 函数执行[33]，而逐步回归由 **MASS** 包中的 **stepAIC** 函数执行[46]。尽管区别与此示例无关(其中完整模型是可加的并且所有项都有一个自由度)，但 **stepAIC** 遵守模型的结构(例如使一个因子的虚拟变量在一起，并仅考虑遵守边际原则的模型)，而 **regsubsets** 则不然。

第8章
概率分布与模拟

本章将介绍如何使用 R Commander 执行概率分布计算、绘制概率分布图以及进行简单的随机模拟。

8.1 运用概率分布

你可以放心丢掉统计表，因为 R Commander 具有丰富的功能，可用于计算统计中使用的 13 个连续型分布和 5 个离散型分布的概率和分位数，远远超出基本统计课程通常所需的内容。概率计算的子菜单和菜单项位于 R Commander 的 "概率分布" 菜单下(见图 A.8)，包括表 8.1 中所示的分布。除了这些概率分布，"概率分布" 菜单还包括一个用于设置 R 的随机数发生器种子的项(将在 8.3 节中讨论)。"概率分布" 菜单中的菜单项都不需要使用中的数据集，但用于从分布中采样的菜单项会创建模拟数据集。

8.1.1 连续型分布

"概率分布" 菜单中的每个连续型分布都有用于计算累积和尾概率、计算分位数、生成随机样本(在 8.3 节中讨论)以及绘制密度和分布函数(在 8.2 节中讨论)的菜单项。实现此功能的对话框具有一般的通用格式，因此我将通过一些代表性案例进行说明。

表 8.1　R Commander 的"概率分布"菜单中的连续型和离散型分布族

连续型分布	离散型分布
正态分布(高斯分布)	二项式分布
t 分布	泊松分布
卡方分布	几何分布
F 分布	超几何分布
指数分布	负二项式分布
均匀分布	
Beta 分布	
Cauchy 分布	
Logistic 分布	
对数正态分布	
Gamma 分布	
Weibull 分布	
Gumbel 分布	

通过选择"概率分布" | "连续型分布" | "正态分布" | "正态分布概率..."
菜单打开的"正态概率"对话框如图 8.1 所示，具有以下默认选择(显示在图的
左侧)："变量值"最初未指定；"平均数"设置为 0，"标准差"设置为 1；选中
"左尾"单选按钮。[1]"变量值"框中的条目必须用逗号、空格或两者分隔。在
图的右侧，在"变量值"框中输入 **55 70 85 100 115 130 145**，将"平均数"设
置为 **100**，将"标准差"设置为 **15**(这是 IQ 分数的典型值)，选择"右尾"单选
按钮。然后单击 OK 按钮，得到如下结果。

```
> pnorm( c ( 55,70,85,100,115,130,145 ), mean=100, sd=15, lower.tail=FALSE )
[1] 0.998650102 0.977249868 0.841344746 0.500000000 0.158655254 0.022750132
[7] 0.001349898
```

图 8.1　"正态概率"对话框：初始状态(左)和完成状态(右)

1　选择"左尾"单选按钮后，对话框返回"累积分布函数(CDF)"的值。

因此，例如对于 $X \sim N(100, 15^2)$，$\Pr(X \geq 145) = 0.001349898$，大约 0.1% 的值与 $X = 145$ 一样或更大。

从 R Commander 菜单中选择"概率分布"|"连续型分布"|"正态分布"|"正态分布(百)分位数..."会打开图 8.2 所示的简单对话框。此对话框中的默认选择与"正态概率"对话框中的选择类似：最初，对话框中的"概率"文本框为空，"平均数"设置为 **0**，"标准差"设置为 **1**，"左尾"单选按钮被选中。然后在"概率"框中输入**.05, .025, .01, .005**，将"平均数"设置为 **100**，将"标准差"设置为 **15**，选择"右尾"单选按钮。单击 OK 按钮产生如下输出。

```
> qnorm(c(.05,.025,.01,.005), mean=100, sd=15,lower.tail=FALSE)
[1] 124.6728 129.3995 134.8952 138.6374
```

图 8.2　"正态分布(百)分位数"对话框

例如，在均值 $\mu = 100$ 和标准差 $\sigma = 15$ 的正态分布中，只有 0.005 = 0.5% 的值超过 **138.6374**。

正如所提到的，其他连续型分布族的概率和分位数对话框具有类似的格式，尽管每个对话框的内容反映了相应族的参数。例如，图 8.3 显示了"F 分布(百)分位数"对话框，可以通过"概率分布"|"连续型分布"|"F 分布"|"F 分布(百)分位数..."菜单调用。在这里，有必要提供所需分位数的概率，以及分子和分母的自由度，所有这些最初都是空白的。在"概率"框中输入 **0.5,0.9,0.95,0.99,0.999**，并将分子和分母的自由度分别指定为 **4** 和 **100**。选择"左尾"单选按钮并单击 OK 按钮，得到如下结果。

```
> qf(c(0.5,0.9,0.95,0.99,0.999), df1=4, df2=100,lower.tail=TRUE)
[1] 0.8448915 2.0019385 2.4626149 3.5126841 5.0166504
```

图 8.3   "F 分布(百)分位数"对话框

8.1.2   离散型分布

离散型分布的累积和尾概率以及分位数对话框在很大程度上类似于连续型分布族的概率和分位数对话框。然而，对于离散型分布族，有"尾概率"和"概率"对话框，前者显示累积和尾概率，后者显示"概率质量函数"表。现在用二项式族来说明。

例如，选择"概率分布"|"离散型分布"|"二项式分布"|"二项式分布概率..."菜单会打开图 8.4 上部所示的"二项式概率"对话框。将"二项式试验(次数)设置为 **10**(没有默认值)和将"成功概率"设置为 **0.5**(这是默认值)可返回整个概率分布(概率质量函数)的表，输出如图 8.5 所示。

图 8.4   "二项式概率"对话框：概率质量函数(上)、累积和尾概率(中)和分位数(下)。概率质量函数和尾概率对话框都被命名为"二项式概率"对话框

```
> local({
+   .Table <- data.frame(Probability=dbinom(0:10, size=10, prob=0.5))
+   rownames(.Table) <- 0:10
+   print(.Table)
+ })
     Probability
0  0.0009765625
1  0.0097656250
2  0.0439453125
3  0.1171875000
4  0.2050781250
5  0.2460937500
6  0.2050781250
7  0.1171875000
8  0.0439453125
9  0.0097656250
10 0.0009765625
```

图 8.5　"二项式概率"概率质量函数对话框产生的输出

类似地,选择"概率分布"|"离散型分布"|"二项式分布"|"二项式分布尾概率…"菜单会打开图 8.4 中间所示的对话框。在"变量值"框中输入 **2 5 8**,将"二项式试验(次数)"设置为 **10**,设置"成功概率"为 **0.5**,并且选择"左尾"单选按钮。

```
> pbinom(c(2,5,8), size=10, prob=0.5,lower.tail=TRUE)
[1] 0.0546875 0.6230469 0.9892578
```

最后,选择"概率分布"|"离散型分布"|"二项式分布"|"二项式分布(百)分位数…"菜单会打开图 8.4 下部的对话框。在"概率"框中输入 **.05, .5, .95**,将"二项式试验(次数)"设置为 **10**(这些值没有默认值),将"成功概率"保留为默认值 **0.5**,保持选择"左尾"单选按钮。然后单击 OK 按钮,得到如下结果。[1]

```
> qbinom(c(.05,.5,.95), size=10, prob=0.5,lower.tail=TRUE)
[1] 2 5 8
```

8.2　绘制概率分布

R Commander 的"概率分布"菜单包括的菜单项还可用于绘制连续型分布

---

[1] 你感到奇怪的也许是,对于像二项式这样的离散型分布,分位数和累积分布函数并不是相互严格相反的:分位数函数 $x = q(p)$ 被定义为随机变量 X 的最小值 x,其中 $\Pr(X \leq x) = \sum_{x_i \leq x} \Pr(X = x)$ 是大于或等于 p,而 CDF 函数定义为 $P(x) = \sum_{x_i \leq x} \Pr(X = x)$。因此,例如对于成功概率 $= 0.5$ 且 $n = 10$ 次试验的二项分布,$q(0.05) = 2$ 但 $P(2) = 0.0546875$。

的密度函数和累积分布函数的图形，以及离散型分布的概率质量函数和 CDF 的图形。这里将用连续型 F 分布族和离散型二项式族来说明。

选择"概率分布"|"连续型分布"|"F 分布"|"绘制 F 分布图..."菜单可打开图 8.6 所示的对话框，在"分子自由度"框中填入 **4** 和在"分母自由度"框中填入 **100**。图 8.7 显示了相应的密度和分布函数图。[1]

图 8.6　"F 分布"绘图对话框

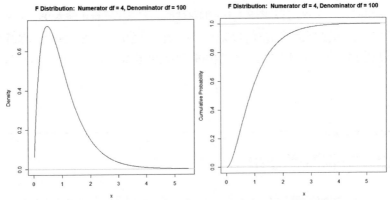

图 8.7　自由度为 4 和 100 的 F 分布的密度函数(左)和累积分布函数(右)

绘制离散概率质量函数和 CDF 本质上是相似的。例如，图 8.8 显示了绘制

1　虽然密度 $P(f)$ 对于 F 随机变量的所有正值 f 都大于 0，但是 R Commander 足够智能，在绘制密度函数和 CDF 时，仅对密度不是有效 0 值的 F 取值；当然，R Commander 无法绘制直到 $F = \infty$ 的图。

二项式分布的对话框，将"二项式试验(次数)"设置为 **10** 并将"成功概率"设置为 **0.5**。相应的概率质量函数和 CDF 图如图 8.9 所示。

图 8.8 "二项式分布"绘图对话框

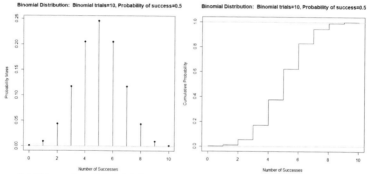

图 8.9 成功概率= 0.5 和二项式试验次数 $n = 10$ 的二项式分布的概率质量函数(左)和累积分布函数(右)

8.3 简单随机模拟

因为 R 是一种能够从各种分布中采样的通用编程语言且具有丰富的预编程数据分析功能，所以它是构建随机"蒙特卡罗"模拟的强大工具。模拟对于讲解统计思想和调查统计方法的性质都是非常有用的，尤其当分析(即直接的数学)解决方案难以应用时。[1] R Commander 的模拟能力虽然有限，但它能够从表 8.1 所示的所有连续型和离散型分布中提取独立的随机样本，将样本保存为数据集

---

[1] 模拟在数据分析中也发挥着越来越重要的作用。例如，引导程序(如参见 Efron 和 Tibshirani 的著作[16])是一种基于从数据中随机重采样的统计推断方法。同样，现代贝叶斯统计推断(如 Gelman 等人所描述的[31])严重依赖模拟。

的行，以使用简单的统计来汇总每个样本并分析所产生的摘要。

本节将首先解释如何设置 R 的随机数发生器的"种子"以使模拟可重复，然后开发一个基本示例来说明中心极限定理。

8.3.1　设置 R 伪随机数发生器的种子

除非拥有专门的硬件，否则计算机无法真正生成随机数。我们知道，计算机执行确定性程序，使用完全相同的输入运行两次程序，得出相同的结果。[1]为规避这个问题，聪明的程序员设计了生成数字的程序，就像它们是随机产生的一样，这样的程序被称为"伪随机数发生器"(R 中包含了一些)。R Commander(以及 R 的几乎所有用户)都使用默认的 R 伪随机数发生器。[2]

使用伪随机(相对于真正随机)数字的优点是，可以通过重用特定的伪随机数序列来进行模拟再现。R 的随机数发生器从称为"种子"的值开始，该值可能是约-20 亿到+20 亿之间的任何整数。如果使用相同的种子，会生成相同的伪随机数序列。通过将种子设置为已知值，可以因此而确切地重复模拟。此过程可以确保，如果使用 R Commander 生成的 R Markdown 文档运行模拟(参见 3.6节)，将始终获得相同的结果，并且这些结果与最初采用交互式时在 R Commander "输出"窗格中获得的结果相同。

设置随机种子的最方便的方法是通过"概率分布"|"设置随机数发生器种子..."菜单，它打开图 8.10 所示的对话框。该对话框包括一个滑块，其范围为 1～100 000，并且最初基于一天中当时的时刻设置伪随机值；图 8.10 中的初始值为 19 792。我们没有理由不接受这个值，因此单击 OK 按钮。重要的是：种子是一个已知的值，而不是该值是什么。[3]

1　这可能不是真的，因为程序是在环境中执行的；例如，可能存在硬件故障。
2　我们不需要关心细节，但如果感兴趣，可以在 R 控制台的提示符下输入命令?Random。
3　但是，如果尝试重现使用特定已知种子的较早会话，则必须将当前会话的种子设置为已知值。例如，如果想准确地重现本节中的结果，请将种子设置为 19 878(并完全重复操作序列)。

图 8.10　"设置随机数发生器种子"对话框，初始值 19792 本身是伪随机生成的

8.3.2　中心极限定理的简单模拟示例

我们在基础统计学课程中几乎肯定遇到过(或将要遇到)中心极限定理：假设 X 分布在均值为 μ 且方差为 σ^2 的总体中。然后，几乎不管 X 的分布形状如何，对于从总体中抽取的数量为 n 的重复独立随机样本的均值 $\bar{X}$ 的抽样分布将近似正态，均值 $E(\bar{X}) = \mu$，方差为 $V(\bar{X}) = \sigma^2 / n$；随着 n 的增加，这个近似值会更精确。也就是说，当 $n \to \infty$，$\bar{X} \to N(\mu, \sigma^2 / n)$。$E(\bar{X})$ 和 $V(\bar{X})$ 的值对于任何 n 都是精确的，$\bar{X}$ 的正态分布是渐近近似。

这里将通过从比率参数为 1 的指数总体中，为多个样本大小中的每一个抽取 10 000 个重复样本来说明中心极限定理。指数随机变量的均值和标准差等于比率参数的倒数，因此 $\mu = \sigma = 1^{-1} = 1$。此分布的密度函数高度正偏，如图 8.11 所示(通过"概率分布"|"连续型分布"|"指数分布"|"绘制指数分布图…"菜单生成)。

选择"概率分布"|"连续型分布"|"指数分布"|"指数分布随机样本…"菜单可打开图 8.12 所示的对话框，其中显示了对话框的默认值。将数据集的名称更改为 **ExponentialSamples2**，将"样本总个数"更改为 **10000**，并将"观测值个数"(即 n)更改为 **2**。选中"样本平均数"复选框以计算每个样本中 $n = 2$ 个观测值的均值 $\bar{x}$，即 10 000 个样本中的每一个都有一个平均值。结果数据集有 10 000 行和 3 列(每个样本的两个观测值及其平均值)且成为 R Commander 中的使用中数据集。

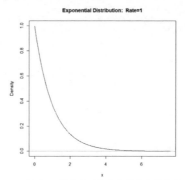

图 8.11   比率=1 的高度正偏态指数分布的密度函数

图 8.12   "指数分布随机样本"对话框的初始状态，显示默认选择

因为数据集有样本作为行，样本均值是数据集中的一个变量，所以可以检查它的分布。选择"统计量" | "总结" | "数值总结..."菜单可打开"数值总结"对话框(参见 5.1 节)，在其中计算均值和均值(即 10 000 个样本均值)的标准差，得到如下结果。

```
> numSummary(ExponentialSamples2[,"mean"], statistics=c("mean", "sd"),
+     quantiles=c(0,.25,.5,.75,1))
     mean        sd      n
 0.9969254  0.7027704  10000
```

这些值与统计理论非常吻合：$E(\overline{X}) = \mu = 1$ 和 $SD(\overline{X}) = \sigma / \sqrt{n} = 1\sqrt{2} \approx 0.707$。轻微的偏移是由于有 10 000 个而不是无限数量的样本。

10 000 个样本均值的直方图通过"绘图" | "直方图..."菜单(参见 5.3.1 节)生成，如图 8.13 所示。显然，当 $n = 2$ 时，样本均值的分布本身呈正偏态，尽管不是与从中抽样的指数总体一样倾斜。

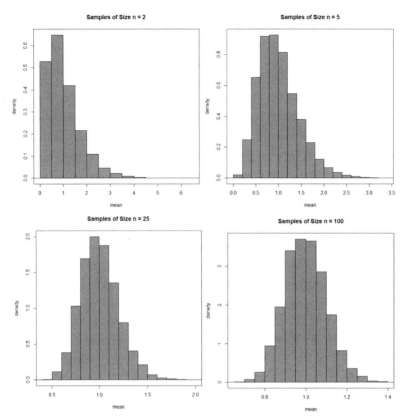

图 8.13 为从比率参数为 1 的指数总体中抽取的 10 000 个样本计算的大小为 n 的样本均值的直方图 ($n = 2$、5、25 和 100)。每个直方图的垂直轴标度是密度,因此每个直方图中的条形面积 总和为 1。两个轴的标度(单位/厘米)因图而异

接着对 $n = 5$、25 和 100 重复模拟,为每 10 000 个样本的数据集生成样本 均值的直方图。结果也显示在图 8.13 中。在比较直方图时,要注意水平轴和垂 直轴的标度(即每厘米的单位)发生了变化。从横轴标度的变化看,很明显,随 着样本量的增加,样本均值的可变性变小。从直方图的形状还可以清楚地看出, 随着样本量的增加,样本均值的分布变得更对称,通常更像正态分布。[1]

R Commander 中的模拟比它们最初出现时要强大一些,因为 R Commander

---

[1] 如果读者熟悉理论分位数比较图,则比较样本均值分布与正态分布的更有效方法是通过 "绘图" | "分位 数比较(QQ)图..." 菜单。

提供的数据操作工具(在第 4 章中描述)允许合并从不同分布采样的数据集，并允许基于模拟数据集的每一行中的值计算任意表达式。尽管如此，利用 R 的可编程性(参见 1.4 节)并使用 R 的命令行界面来开发模拟要自然得多。

第9章

使用 R Commander 插件包

CRAN 上提供的许多插件包大幅增强了 R Commander 的功能。在 R Commander 开发的早期就提供了插件包。虽然细节不需要我们关注，[1]但 R Commander 插件已与 R Commander 菜单集成，可生成标准对话框，访问和可能修改使用中的数据集，在 R Commander 的"R 语法文件"和 R Markdown 选项卡中创建命令，以及把结果输出到 R Commander 的"输出"窗格中。插件还可以添加新类别的统计模型，可通过 R Commander 的"模型"菜单进行操作。[2]

本章将讲解插件包的安装方法，并以 **RcmdrPlugin.TeachingDemos** 包和 **RcmdrPlugin.survival** 包为例说明 R Commander 插件的应用。

9.1 获取和加载插件

在写本书时，CRAN 上大约有 40 个 R Commander 插件包。R Commander 插件的推荐命名约定是 RcmdrPlugin.*name* ，因此可以浏览 CRAN 网页 (https://cran.r-project.org/web/packages/available_packages_by_name.html)，搜索

1　可以在本书的网站上找到为 R Commander 插件包开发者准备的手册(非用户手册)。

2　所有插件包都应该可以与 R Commander 正常工作，但不需要相互兼容。插件提供了很大的自由度来修改 R Commander 界面。例如，一个插件包可能会删除另一个插件尝试向其添加菜单项的菜单，从而导致错误。如果在使用 R Commander 插件时遇到问题，通常应该先写信给包的作者。

文本 **RcmdrPlugin**，[1]按名称列出可用的程序包。每个 CRAN 包都有一个描述页面，只需要单击包的链接就可得到有关包的信息。

因为 R Commander 插件是标准的 CRAN 包，所以可以按照通常的方式安装。例如，要安装本章讨论的两个插件包，可在 R 控制台的>提示符下发出以下命令。

```
install.packages(c("RcmdrPlugin.TeachingDemos", "RcmdrPlugin.survival"))
```

R Commander 插件包的加载方式有两种。

- 从 R Commander 菜单中选择"工具"|"载入 Rcmdr 插件..."，打开图 9.1 所示的对话框，其中列出了安装在程序包库中的插件包。只需要选择想要加载的插件(或多个插件)即可。在提示保存现有工作后，R Commander 将重新启动，加载选定的插件并开始新的会话。
- 部分插件是"自启动的"，可以通过 R 控制台下的 **library** 命令直接加载，例如本章讨论的插件都是自启动的。因此，命令 `library(RcmdrPlugin .survival)` 将把 **RcmdrPlugin.survival** 包与 **Rcmdr** 包一起加载，并且启动 R Commander GUI。

图 9.1　"载入插件"对话框，安装了两个插件包(**RcmdrPlugin.survival** 和 **RcmdrPlugin.TeachingDemos**)

1　一些 R Commander 插件不遵循此命名约定。可以通过导航到 CRAN 上的 **Rcmdr** 包描述页面并查看包的"反向依赖关系"来发现这些不遵循规范的插件。

9.2　使用 **RcmdrPlugin.TeachingDemos** 包

RcmdrPlugin.TeachingDemos 包[22]的创建主要是为了演示如何开发 R Commander 插件。该插件将 Greg Snow 的 **TeachingDemos** 包[40]中的一些演示集成到 R Commander 中，基础统计课程的学生和教师可能对此感兴趣。

如上一节所述，在新的 R 会话中输入命令 `library(RcmdrPlugin.TeachingDemos)` 可加载 **Rcmdr** 和 **RcmdrPlugin.TeachingDemos** 包。该插件只是将一个新的顶级 Demos 菜单添加到 R Commander 菜单栏(如图 9.2 所示)。

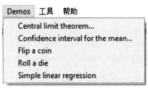

图 9.2　Demos 顶级菜单和由 **RcmdrPlugin.TeachingDemos** 包添加的菜单项

Demos 菜单中各个菜单项的用途从其名称中可以很清楚地看出。其中两项 (Central limit theorem 和 Confidence interval for the mean)会弹出插件提供的对话框。Simple linear regression 带来由 **TeachingDemos** 包直接提供的交互式演示。Flip a coin 和 Roll a die 则产生 3D 动画。

这里用置信区间演示进行说明，但你也可随意尝试其他演示。选择 Demos| Confidence interval for the mean...菜单可打开图 9.3 所示的对话框。对话框中的所有选择都是默认值，但 Number of samples 除外(我将其从 **50** 更改为 **100**)。

因此，我将从均值 $\mu = 100$ 和标准差 $\sigma = 15$ 的正态总体中抽取 100 个重复的模拟样本，每个样本的大小为 $n = 25$。假设已知总体标准差，将围绕每个样本均值构建 95%置信区间。[1]

$$x \pm 1.96\sigma / \sqrt{n} = \overline{x} \pm 1.96 \times 15 / \sqrt{25} = \overline{x} \pm 5.88$$

1　你肯定会在基础统计课程中遇到它。

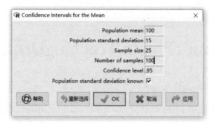

图9.3   **RcmdrPlugin.TeachingDemos** 插件包提供的 Confidence intervals for the Mean 对话框

单击对话框中的"应用"按钮，生成图 9.4 所示的图形[1]。图形中的黑色竖线代表 $\mu = 100$ 的固定值，另外两条竖线绘制在 $\mu \pm 5.88$ 处，即其中 95% 的中心区间样本平均值将随着无限重复采样而下降。黑色短垂直线标记 100 个单独的样本均值 $\bar{x}$，而水平线代表 100 个置信区间，宽度为 2×5.88，以 $\bar{x}$ 值为中心。

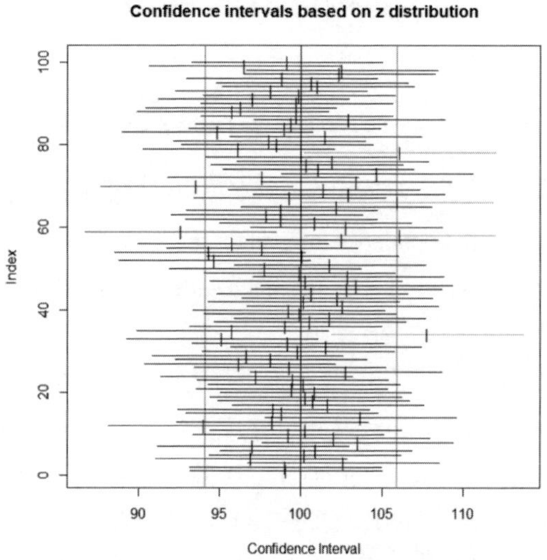

Confidence intervals based on z distribution

图9.4   从均值 $\mu = 100$ 和标准差 $\sigma = 15$ 的正态总体中抽取 100 个重复的模拟样本，每个样本的大小
为 $n = 25$，均值采用 95% 置信区间

如图中所示，在模拟中有 93 次"命中"和 7 次"未命中"。在 95% 的置信度下，预计 100 个样本中有 95 次命中和 5 次未命中，当然这些是平均值，随

1　因为样本是随机抽取的，并且因为没有费心将随机种子设置为已知值(参见 8.3 节的模拟)，所以如果重复这个演示，将不会得到与这里完全相同的结果，但结果应该大致相似。

机变化是可以预料的。尝试单击"应用"按钮数次，以了解"命中"和"未命中"的数量是如何变化的(从本次 100 个样本的模拟到下一次模拟)。

9.3　使用 RcmdrPlugin.survival 包进行幸存分析*

"幸存分析"涉及事件的时机并以各种同义词(如"事件历史分析""持续时间分析""故障时间分析")在多个学科中被广泛使用。**survival** 包[43, 44]是最先进的幸存分析软件，是标准 R 发行版的一部分。**RcmdrPlugin.survival** 包为 **survival** 包中的许多方法添加了图形界面，包括幸存函数估计、参数幸存回归和 Cox 比例风险回归。

这里使用 **RcmdrPlugin.survival** 包主要是为了说明一个更"雄心勃勃"的 R Commander 插件：与只是简单地向 R Commander 中添加一个新的顶级菜单的 **RcmdrPlugin.TeachingDemos** 插件包(在上一节中描述)相反，**RcmdrPlugin.survival** 插件与 R Commander 紧密集成，在现有的 R Commander 菜单中添加了若干个子菜单和菜单项，并定义了两类新的统计模型，分别用于参数回归和 Cox 幸存回归。然而，本节的目标不是涵盖 **RcmdrPlugin.survival** 包的所有功能。有关该插件包的更详细讨论请参阅 Fox 和 Carvalho 的文章[25]。

R Commander 菜单中的 **RcmdrPlugin.survival** 添加项如图 9.5 和图 9.6 所示。

- "数据"菜单中添加一个 Survival data 子菜单，其中包含用于定义幸存数据(例如，识别时间和事件变量)、用于将数据集从"宽"格式转换为"长"格式[1]以及处理日期的菜单项。

1　在宽格式中，每个个体的时变变量在数据集的单行中显示为连续值，而在长格式中，有单独的行代表每个个体的不同时间间隔。

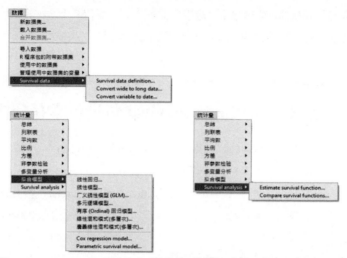

图 9.5　R Commander 的"数据"和"统计量"菜单中添加的 **RcmdrPlugin.survival** 菜单项

图 9.6　R Commander 的"模型"菜单中添加的 **RcmdrPlugin.survival** 菜单项

- Cox regression model...和 Parametric survival model...子菜单添加到"统计量"|"拟合模型"菜单中。

- 在"统计量"菜单下有一个新的 Survival analysis 子菜单，其中包含用于估计和比较幸存函数的菜单项。

● 拟合幸存回归模型后，可以使用"模型"菜单中的一些标准项对其进行操作。此外，还有用于测试 Cox 模型中的比例风险以及为 Cox 模型和(在较小程度上)为参数幸存回归模型绘制诊断和解释图的新菜单项。

基于刑事累犯数据的幸存分析示例

RcmdrPlugin.survival 包中的 **Rossi** 数据集来自 Rossi 等人对犯罪累犯的研究[39]。Allison[5]在一本关于幸存分析的专著中广泛使用了这些数据。这里将使用 R Commander 和 **RcmdrPlugin.survival** 重现 Allison 的一些研究结果。

Rossi 等人的数据涉及 20 世纪 70 年代从马里兰州监狱获释的 432 名男性罪犯，他们在出狱后的一年内每周接受随访。在一项随机实验中，一半的罪犯获释后获得了经济援助，另一半人没有得到援助。该研究的目的是确定接受经济援助是否会降低再次入狱的风险。

Rossi 数据集中的变量如下(名称对应 Allison 采用的变量)。

● **week**：出狱后第一次被逮捕的周或审查时间；当随访停止时，所有被审查的案例在第 52 周被审查。

● **arrest**：事件指示器。如果前罪犯被重新逮捕，则编码为 1；如果受到审查，则编码为 0。

● **fin**：被释放的前罪犯是否获得经济援助，是一个编码为 yes 或 no 的因子变量。

● **age**：前罪犯在出狱时的年龄。

● **race**：罪犯的种族，是一个编码为 black 或 other 的因子变量。

● **wexp**：前罪犯在入狱前是否有全职工作经历，是一个编码为 yes 或 no 的因子变量。

● **mar**：罪犯出狱时的婚姻状况，是一个编码为 married 或 not married 的因子变量。

● **paro**：罪犯是否因假释而出狱，是一个编码为 yes 或 no 的因子变量。

● **prio**：前罪犯在最近一次被监禁之前的定罪次数。

● **educ**：前罪犯的教育水平，用数字编码 2(低于 6 年级)、3(7~9 年级)、4(10 或 11 年级)、5(12 年级)或 6(高等教育)来表示。

- **emp1～emp52**：研究的每一周的就业状况，是根据释放的前罪犯在相应周内是否受雇编码为 yes 或 no 的因子变量。一旦罪犯再次被捕，**emp*x*** 的后续值为 NA(缺失)[1]。

在新会话中使用 `library(RcmdrPlugin.survival)`[2]命令加载 **Rcmdr** 和 **Rcmdr Plugin.survival** 包后，通过"数据"|"R 程序包的附带数据集"|"读取指定程序包中附带的数据集..."菜单(见 4.2.4 节)，以通常的方式将 **Rossi** 数据读入 R Commander 中。然后通过"数据"|Survival data|Survival data definition... 菜单打开图 9.7 所示的对话框，选择 **week** 作为"时间"变量，**arrest** 作为"事件指示器"，对话框中的其他选项保留默认值。其实没有必要以这种方式定义时间和事件变量，但这样做更方便，因为这些变量将在后续的幸存分析对话框中被预先选择。

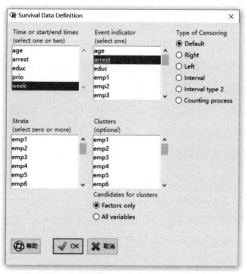

图 9.7　**Rossi** 数据的 Survival Data Definition 对话框

选择"统计量"|Survival analysis|Estimate survival function...菜单可打开如图 9.8 所示的对话框。如前所述，**week** 和 **arrest** 被预选为"时间"和"事件"变量。

1　因此，数据采用宽格式，每个释放的前罪犯的随时间变化的就业协变量的所有值都出现在同一行中。
2　也可以继续使用本章中的前一个会话，通过 R Commander 菜单"工具"|"载入 Rcmdr 插件..."加载 **RcmdrPlugin.survival** 插件。

在变量列表中向下滚动，为 Strata 选择 **fin**，为接受和未接受经济援助的人估计单独的幸存函数；默认是不定义 Strata。将"选项"选项卡中的所有选项保留为默认值。结果如图 9.9 所示；该对话框还会生成一些信息输出(这里并未显示)。

注意： 由于 R Commander 中文版的兼容性问题，为了 Survival Function 对话框能正常工作，请像图示那样将"子样本选取的条件"框中的内容清空。

图 9.8　Survival Function 对话框中的"数据"和"选项"选项卡

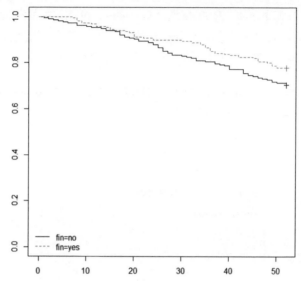

图 9.9　接受(虚线)和未接受(实线)经济援助者的估计幸存函数。+(加号)代表审查的观测值(在第 52 周时)

　　这里，"幸存"代表不入狱；显然，获释后获得经济援助的前罪犯比没有获得援助的人更可能远离监狱。为检验这种差异，选择"统计量"|Survival analysis|Compare survival functions...菜单打开图 9.10 所示的对话框。再次在 Strata 列表框中选择 fin 并接受所有其他默认值。特别是，rho = 0 对应常用的"对数秩"或 Mantel-Haenszel 检验。输出如图 9.11 所示。这两个幸存函数在传统的 α =.05 水平上接近但在统计上没有显著差异(尽管可以说是片面的检验，但将报告的 p 值减半在这里是合理的)。

　　注意：由于 R Commander 中文版的兼容性问题，为了 Compare Survival Functions 对话框能正常工作，请像图示那样将"子样本选取的条件"框中的内容清空。

图 9.10　Compare Survival Functions 对话框

```
> survdiff(Surv(week,arrest) ~ fin, rho=0, data=Rossi)
Call:
survdiff(formula = Surv(week, arrest) ~ fin, data = Rossi, rho = 0)

           N Observed Expected (O-E)^2/E (O-E)^2/V
fin=no  216       66     55.6      1.96      3.84
fin=yes 216       48     58.4      1.86      3.84

 Chisq= 3.8  on 1 degrees of freedom, p= 0.05
```

图 9.11　对接受和未接受经济援助的人在辛存函数中的差异进行的检验

　　也许可以通过在分析中添加协变量来加强两个经济援助组之间的比较。通过选择"统计量"|"拟合模型"|Cox regression model...菜单将 Cox 比例风险回归拟合到数据中来实现这个想法，打开图 9.12 所示的对话框。保留"数据"选项卡中的默认选项，在"模型"选项卡中将各种协变量输入模型中，包括 **fin**(随时间变化的就业协变量除外)。Cox 模型公式右侧的规范与线性模型(在 7.2 节中

讨论)[1]基本相同。单击 OK 按钮会生成图 9.13 所示的输出。因此，估计经济援助可以通过乘法因子 $\exp(b_{\text{fin}}) = 0.6979$ 来降低再次被捕的风险，但该系数在单边 Wald 检验中几乎没有统计学意义($p = 0.06079/2 = 0.03039$)。

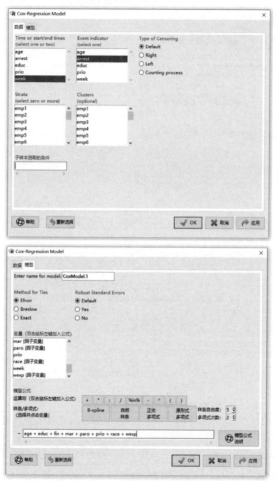

图 9.12　Cox-Regression Model 对话框中的"数据"和"模型"选项卡

1　然而，在 Cox 模型中没有截距。实际上，截距是在"基准风险函数"中发挥作用。像往常一样，这里的目标不是解释统计方法，而是说明它们在 R Commander 中的应用。

```
> CoxModel.1 <- coxph(Surv(week, arrest) ~ age +educ +fin +mar +paro +prio
+    +race +wexp, method="efron", data=Rossi)

> summary(CoxModel.1)
Call:
coxph(formula = Surv(week, arrest) ~ age + educ + fin + mar +
    paro + prio + race + wexp, data = Rossi, method = "efron")

  n= 432, number of events= 114

                     coef exp(coef)  se(coef)      z Pr(>|z|)
age              -0.05768   0.94395   0.02187 -2.638  0.00835 **
educ             -0.18578   0.83046   0.13153 -1.412  0.15782
fin[T.yes]       -0.35963   0.69794   0.19180 -1.875  0.06079 .
mar[T.not married] 0.42496   1.52953   0.38209  1.112  0.26605
paro[T.yes]      -0.08991   0.91401   0.19568 -0.459  0.64589
prio              0.08469   1.08838   0.02919  2.902  0.00371 **
race[T.other]    -0.34554   0.70784   0.30907 -1.118  0.26356
wexp[T.yes]      -0.11439   0.89191   0.21311 -0.537  0.59145
---
Signif. codes:  0 '***' 0.001 '**' 0.01 '*' 0.05 '.' 0.1 ' ' 1

                   exp(coef) exp(-coef) lower .95 upper .95
age                   0.9440     1.0594    0.9044    0.9853
educ                  0.8305     1.2042    0.6417    1.0747
fin[T.yes]            0.6979     1.4328    0.4792    1.0164
mar[T.not married]    1.5295     0.6538    0.7233    3.2344
paro[T.yes]           0.9140     1.0941    0.6229    1.3413
prio                  1.0884     0.9188    1.0279    1.1525
race[T.other]         0.7078     1.4128    0.3862    1.2972
wexp[T.yes]           0.8919     1.1212    0.5874    1.3543

Concordance= 0.656  (se = 0.026 )
Likelihood ratio test= 35.35  on 8 df,   p=0.00002
Wald test            = 33.74  on 8 df,   p=0.00005
Score (logrank) test = 35.1  on 8 df,    p=0.00003
```

图9.13 对经济援助(**fin**)和其他几个协变量计算累犯的 Cox 回归

注意：由于 R Commander 中文版的兼容性问题，为了 Cox-Regression Model 对话框能正常工作，请像图示那样将"数据"选项卡的"子样本选取的条件"框中的内容清空。

为说明有关拟合 Cox 模型的进一步计算，从 R Commander 菜单中选择"模型"|"绘图"|Cox-model survival function…，打开图 9.14 所示的对话框。选择 Plot at specified values of predictors 单选按钮，移动滑块到 **2** 行，并输入各种预测器的值。在此过程中将 **fin** 设置为 no 或 yes，数值协变量为其中位数，其他因子协变量为其模态水平。这些选择将创建图 9.15 所示的图形，显示作为时间和经济援助状态的函数估算的远离监狱的概率(其中其他协变量设置为典型值)。该图类似于图 9.9 中的边际幸存函数估计值。

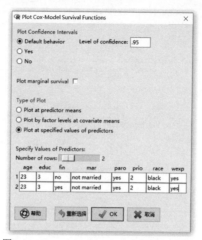

图 9.14　Plot Cox-Model Survival Functions 对话框

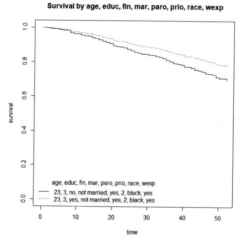

图 9.15　根据与 **Rossi** 数据拟合的 Cox 模型得到的接受(虚线)和未接受(实线)经济援助者的估计幸存函数

　　这里不准备作进一步的分析，例如将数据集转换为长格式以引入随时间变化的就业协变量、检查比例风险、检查其他诊断等。感兴趣的读者可以参考 Allison[5]的著作，他对 **Rossi** 数据进行了详细的分析。

附录 A

R Commander 菜单指南

展开的 R Commander 菜单如图 A.1～图 A.9 所示。[1] 本书中讨论了大多数的菜单[2]，表 A.1 中指出了具体的章节。如果有任何可选辅助软件(如 Pandoc 或 LaTeX)未安装，则会在"工具"菜单下出现一个额外的"安装辅助软件..."项(见图 A.9)[3]。最后，在 Mac OS X 系统上，在"工具"菜单中还会出现一个额外的"管理 R.app 的 Mac OS X 应用程序休眠"菜单项[4]。

表 A.1   R Commander 菜单

图号	菜单	涉及章节
A.1	"文件"和"编辑"	3.6～3.8 节
A.2 和 A.3	"数据"	3.3 节、3.4 节、第 4 章、9.3 节
A.4 和 A.5	"统计量"	3.4 节、3.5 节、5.1 节、5.2 节、第 6 章、7.1～7.5 节、9.3 节
A.6	"绘图"	3.4 节、5.3 节、5.4 节
A.7	"模型"	7.5～ 7.9 节、9.3 节
A.8	"概率分布"	第 8 章
A.9	"工具"和"帮助"	2.3.3 节、2.5 节、3.9 节、4.2.4 节、第 9 章

1　这些菜单出现在 **Rcmdr** 程序包的 2.7-1 版本中。为简洁起见，"概率分布"菜单并未展示所有的菜单项，仅显示一种连续型分布(正态分布)和一种离散型分布(二项式分布)的子菜单和菜单项。
2　但有一个例外是"统计量" | "多变量分析"菜单，基本未涉及，其中包含用于尺度信度、主成分分析、因子分析和验证性因子分析的菜单项，以及用于聚类分析的子菜单。
3　参阅 2.5 节中有关安装可选辅助软件的信息。
4　有关 Mac OS X 中应用程序休眠的讨论参阅 2.3.3 节。

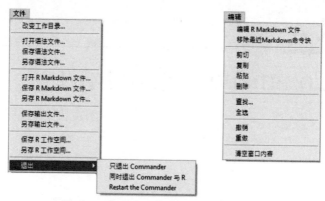

图 A.1   R Commander 的"文件"和"编辑"菜单

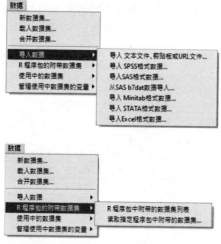

图 A.2   R Commander 的"数据" | "导入数据"菜单和"数据" | "R 程序包的附带数据集"菜单

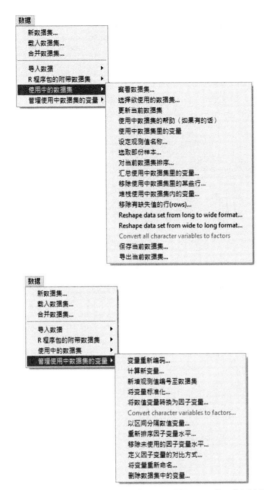

图 A.3　R Commander 的"数据"|"使用中的数据集"和"数据"|"管理使用中数据集的变量"菜单

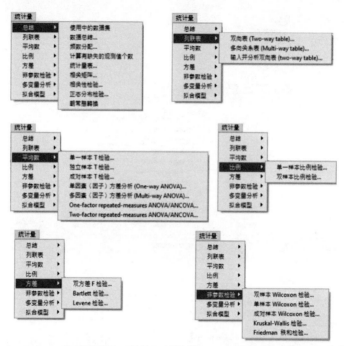

图 A.4　R Commander 的"统计量"|"总结"、"统计量"|"列联表"、"统计量"|"平均数"、"统计量"|"比例"、"统计量"|"方差"和"统计量"|"非参数检验"菜单

图 A.5　R Commander 的"统计量"|"多变量分析"和"统计量"|"拟合模型"菜单

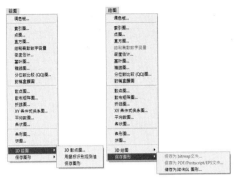

图 A.6　R Commander 的"绘图"菜单

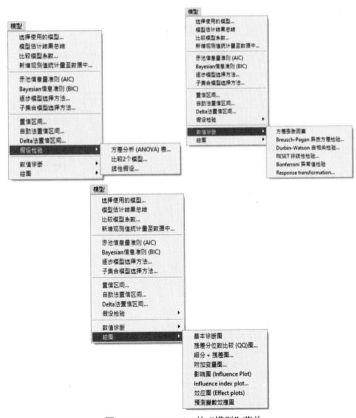

图 A.7　R Commander 的"模型"菜单

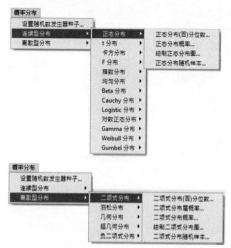

图 A.8　R Commander 的"概率分布"菜单，显示"正态分布"和"二项式分布"子菜单

图 A.9　R Commander 的"工具"和"帮助"菜单